REVUE BIBLIOGRAPHIQUE

DES PRINCIPAUX OUVRAGES FRANÇAIS

OU IL EST TRAITÉ

DE LA TAILLE DES ARBRES FRUITIERS

et

PARTICULIÈREMENT DU PÊCHER.

REVUE BIBLIOGRAPHIQUE

DES PRINCIPAUX OUVRAGES FRANÇAIS,

OU IL EST TRAITÉ

de la

TAILLE DES ARBRES FRUITIERS

ET

PARTICULIÈREMENT DU PÊCHER

Par M. THIÉRION,

MEMBRE RÉSIDANT DE LA SOCIÉTÉ D'AGRICULTURE, SCIENCES,
ARTS ET BELLES-LETTRES DE L'AUBE.

Extrait des Mémoires de la Société d'Agriculture, Sciences, Arts
et Belles-Lettres du Département de l'Aube.

TROYES,

ATH. PAYN, Imprimeur de la Société, 9, rue du Flacon.

1843.

Extrait des Mémoires de la Société d'Agriculture, Sciences,
Arts et Belles-Lettres du département de l'Aube.

REVUE BIBLIOGRAPHIQUE

DES PRINCIPAUX OUVRAGES FRANÇAIS,

OU IL EST TRAITÉ

de la

TAILLE DES ARBRES FRUITIERS,

ET

Particulièrement du Pêcher,

PAR M. THIÉRION, MEMBRE RÉSIDANT DE LA SOCIÉTÉ D'AGRICULTURE DE L'AUBE.

(Lue dans la Séance du 19 Août 1842..)

Πρωτον μεν και μεγιστον εστιν η πλασις.
Théophr.

Le principal et ce qu'il y a de plus important,
c'est la Taille.

MESSIEURS,

Sans me perdre dans des recherches sur les auteurs
de l'antiquité qui ont pu s'occuper de cette branche de
l'économie rurale relative au jardinage, ni dans des
questions purement problématiques relatives aux jardins des Hespérides, d'Alcinoüs, de Sémiramis, d'O-
sias, de Cyrus, et à plusieurs autres plus ou moins cé-

lèbres chez les anciens peuples, dans cette revue des écrits français, ou traduits en français, où il est traité da la taille des arbres fruitiers, je me bornerai à indiquer les titres de ceux que j'ai pu connaître, et la date de leurs différentes éditions : j'y joindrai une simple notice de ceux de leurs auteurs qui ont eu chez nous quelque influence sur cette partie de la science agricole ; et, soit par une courte analyse, soit par la citation même des textes, je présenterai les différents systêmes que chacun d'eux a cru devoir adopter comme principes sur cette importante opération. Je terminerai par proposer ce que je pense qu'il resterait à faire, pour porter à son plus haut degré de perfection la science de la taille des arbres fruitiers, si recommandée par les agronomes de tous les âges.

Quoique Olivier de Serres soit regardé avec raison, en France, comme le patriarche de l'agriculture, j'ai cru devoir remonter plus haut que le siècle où il a vécu, et me reporter à l'époque où l'on peut dire véritablement que cette science a reçu chez nous sa première impulsion. Je suis donc parti d'un point qui remonte à plus d'un siècle avant lui, puis j'ai suivi toutes les phases et considéré les progrès successifs de l'art de diriger les arbres fruitiers au moyen de la taille. Je commencerai par un écrivain qui, le premier des modernes, nous a laissé un traité sur toutes les parties de l'agriculture ; ensuite je parcourrai, de siècle en siècle, le plus brièvement qu'il me sera possible, la série des efforts faits pour acquérir, sur l'art de la taille des arbres fruitiers, les connaissances que nous possédons aujourd'hui.

Vers la fin du treizième siècle, ou plutôt dès la première année du quatorzième, il parut en Italie un ouvrage célèbre parmi les littérateurs italiens, autant que parmi les agronomes. Son auteur est Pietro Crescenzi ou Pierre de Crescens, né à Bologne, écrivain aussi distingué par sa science que par sa naissance. Cet ouvrage, dédié à Charles II, roi de Sicile, fut publié en 1300, écrit ou traduit en latin par son auteur âgé de 70 ans, et imprimé en cette langue, d'abord à Ausbourg, en 1471, puis à Louvain, en 1474, sous le titre de : *Opus ruralium commodorum libri* xii ; ensuite à Strasbourg, en 1486, in-f° ; à Vicence, sous le même format, en 1490 ; et depuis à Bâle, en 1530, in-4°, et en 1538, sous le titre de : *De Agriculturâ, omnibusque plantarum generibus, etc.* ; et à Cracovie, en 1571.

Il ne fut imprimé en Italien qu'en 1478, in-f°, à Florence, sous ce titre, *Il libro della Agricoltura di Pietro Crescentio* xii *libri*, et il y est dit traduit du latin. Une édition de Venise, in-8°, est dite : *Composta per l'eccellentissimo dottore nelle arte Pietro Crescentio cittadino di Bologna.* Il semblerait même que cette traduction italienne fût du même auteur ; et l'on n'a rien de bien positif sur la question de savoir s'il ne l'aurait pas écrite d'abord en latin, puis ensuite en italien. Quoi qu'il en soit, et, laissant cette question à démêler par les critiques italiens, il est certain qu'en l'an 1373, il fut traduit en langue française par l'ordre du roi Charles V, et qu'il fut imprimé en cette langue, à Paris, par Jean Bonhomme, dès 1486, in-f°, sous le titre de : *Le livre des Prouffits champestres et ruraulx compilé par Maistre Pierre de Crescences et translaté depuis en langue françoise à la requeste de Charles V, roi de France.* Il y en eut une seconde édition la même année; une autre en 1516, puis d'autres en 1539 et 1540. Traduit en allemand, et publié en cette langue à Strasbourg en 1518, il a paru depuis en français sous le titre de : *Le Bon Mesnager : au présent volume des prouffits champestres et ruraultx est traité etc.*, et *on y a ajouté la manière de enter, planter et nourrir tous arbres selon le jugement de maistre Gorgole de Corne, et autres notables jardiniers. Paris,* Galliot du Pré, 1533, in-f°.

De Crescens, qu'on dit avoir été ambassadeur, et même avoir gouverné la république de Bologne, dont il était sénateur, qualités énoncées en l'édition de 1538, obligé sans doute de quitter sa patrie en proie aux dissentions civiles, avait voyagé pendant trente ans, étudiant et recueillant partout ce que l'agriculture lui offrait d'utile à apprendre. Nous avons donc, dans son ouvrage, l'état de l'agriculture en Italie et dans une grande partie de l'Europe, à la fin du 13° siècle. Le cinquième livre est destiné aux arbres fruitiers et autres. Le premier chapitre traite des arbres en général, et, suivant son expression, des arbres *en commun.* Puis, dit-il, « je traiteray de chascun arbre qui est trouvé en
» nos contrées et premièrement des fructifiants et de
» leur prouffit. — On taillera les rainceaulx (bran-
» ches, rameaux) qui seront venus en quelconque par-
» tie que ce soit de la tige, toutes voyres par telle ma-
» nière que la tige soit toujours adressée et eslevée sur
» terre plus ou moins, selon la nature de l'arbre... et

» que les branches soient la divisées et ordonnées con-
» venablement pour la beaulté de l'arbre... et se par
» aucuns lieux, il y venoit trop espes rainceaulx ou
» jettons bastards non convenables, on les taillerait
» à là sarpe ou au coutel... et se l'humeur, par une
» manière d'orgueil, ne se voulait espandre par les
» rainceaulx des côtés, ainçois s'en montast tousiours
» en hault, il conviendrait couper des rainceaulx du
» sommet où elle se espandroit trop... jusqu'à ce que
» la tige se esjettera par rainceaulx, et les rainceaulx
» par verges, et les verges par bourions fructifiants...
» l'en tranchera tous les rainceaulx superflus à ce que
» l'arbre ne pourra porter. » Et au livre 12, des Pes-
chers, c. 4 et 23. « En ce mois (avril), il peut être de-
» soeillé (c'est ce qu'on a appelé depuis *éborgner*), on
» doit laisser au pescher une seule tige. En juing en
» oste les jettons qui sont venus en lieu non deu,
» l'arbre en est faist plus bel et en vault mieux : : toute
» taille ou de vigne ou d'arbre doit se faire en dé-
» cours. »

Suivant Gorgole de Corne, « tailler la cyme des jet-
» tons d'un arbre qui ne fait point de fruicts en la fin
» de la lune le fait fructifier plutot et plus preste-
» ment. »

Si l'on ne trouve dans ces auteurs aucun principe
bien explicite sur le mode d'opérer en employant la
taille, on y trouve sa nécessité ; dans quels cas elle doit
être pratiquée ; l'ordonnance et la division convenable
des branches pour bien dresser un arbre ; enfin, outre
la taille générale, l'ébourgeonnement et l'éborgne-

ment pour le pêcher, ainsi que l'unité de tige : j'oubliais de dire que, pour forcer l'arbre à suivre une autre direction que celle qu'il voudrait prendre, de Crescens indique « qu'il faut l'y contraindre en soustenant les
» rainceaulx de légières perches, de manière que ce que
» l'arbre n'aura voulu faire de sa voulenté, il le fera
» par contraincte de juste raison. »

Le traité de de Crescens s'étant ainsi, à la faveur de cette traduction, répandu en France, divers écrivains traduisirent les auteurs grecs et latins qui traitent du même sujet. Antoine Pierre donna la traduction des xx livres de Constantin César. Les frères de Marnef de Poitiers la publièrent en 1545. Cet ouvrage qui, sous le nom de *Géoponiques grecs*, n'est qu'une compilation indigeste, parle des jardins au dixième livre. Il s'étend sur la plantation et les greffes des arbres fruitiers; et l'on trouve, parmi ses préceptes, les recettes les plus absurdes. Quant à la taille, voici ce qu'on y lit au chapitre 78 : je suis la traduction de Pierre. « Incontinent
» après que nous aurons cueilly les fruits, il faut es-
» curer les grands et les petits arbres : et coupperons
» avec serpes bien aigues tout ce qui sera maulvais et
» superflu aux plantes nouvelles; il est assez leur laisser
» ung rameau, et pareillement il fault coupper les re-
» jectons du tronc, afin qu'il soit deschargé et droict,
» ayant à la cyme troys ou quatre rameaux nouveaux
» non gastés, distans l'une de l'autre, car il faut ainsi
» accoustrer la plante quand elle est tendre. » On voit qu'il n'en dit pas même autant que de Crescens et Gorgole de Corne.

Cette traduction d'un ouvrage dont M. Caffarelli, ancien préfet de l'Aube, donna en 1812, in-8°, un très-court abrégé, accompagné de quelques notes de Bosc, fut suivie de celle de Columelle et de Palladius, auteurs cités par de Crescens, ainsi que Caton et Varon. Cottereau, chanoine de Paris, traduisit Columelle en 1551, et Jean Darces traduisit Palladius en 1553. La traduction de Columelle fut revue par Jean Thiery, de Beauvoisis, en 1555 : les notes de ce dernier ne sont pas sans intérêt ; mais la taille des arbres n'est pas même indiquée dans aucun de ces auteurs ; et le 10e livre Des Arbres, *de Arboribus*, attribué à Columelle par plusieurs, ne s'y trouve pas. Le livre 5, chapitre X, des *Arbres fruitiers*, ne traite que de la plantation et de la greffe. Quant à la traduction de Palladius qui, au livre 12, chap. VII, traite des arbres fruitiers et d'abord du pêcher, l'auteur ne parle aussi que de planter et greffer, et ne dit rien de la taille.

L'impulsion donnée par la traduction du livre de de Crescens, et par l'ouvrage de Gorgole de Corne, qui le suivit de près, se continua par une suite non interrompue d'écrits sur l'agriculture ; tels que l'*Hortus gallicus, Campus elysius Galliæ* de Symphorien Champier, en 1533 ; plusieurs petits traités latins, composés par Charles Etienne, sur les arbres, les fruits, et tout ce qui concerne la culture des jardins, publiés en 1531, et réimprimés en 1535-36-37-38 et 1554, réunis ensuite sous le titre de *Prædium rusticum*, et qui fut traduit en français, et publié avec des additions, par Jean Liébaut, en 1565, 1570 et 1574, sous le titre de l'*A—*

griculture *et Maison rustique*, de Charles Etienne et Jean Liébaut, imprimé en plusieurs formats. C'est cette même *Maison champêtre*, parue en 1607, en grande partie empruntée de Mizauld, et que Jean Liébaut, gendre d'Etienne, publia de nouveau : compilation qui mérite bien peu de considération, et pourtant traduite en Italien, en Allemand et en Anglais. On y trouve, comme dans tous les ouvrages précédents sur l'agriculture, les recettes les plus ridicules. Retouchée depuis, et reproduite en grande partie, près de deux siècles après, par Liger, sous le nom de *Nouvelle Maison rustique*, elle fut pourtant lue, parce que Liger en avait rajeuni le langage, et y avait introduit quelques améliorations. Il y en a un abrégé fait par Liger lui-même, vers 1743, qui n'est pas sans mérite ; et depuis, La Bretonnerie en a donné, en 1790, une nouvelle édition, bien préférable à toutes les précédentes ; une autre a paru chez Déterville, publiée par Bastien, en 3 vol. in-4°, 1798. Enfin, ce même ouvrage a eu plus de trente éditions. Une nouvelle *Maison rustique du 19ᵉ siècle* sous la direction de plusieurs gens de lettres, a paru dernièrement en 37 livraisons, formant 4 vol. in-4°. Ajoutons à ces différents écrits, celui qui a pour titre : *Le Bon Ménager*, imprimé en 1540 (ce n'est qu'une traduction de la traduction du livre de de Crescens), et les quatre *Traités d'Agriculture délectable*, in-8°, contenant ceux de Gorgole, de Corne, de Davy, de Dumesnil et d'un anonyme.

Mais le premier écrivain dont l'ouvrage sur l'agriculture soit véritablement recommandable, est Olivier de Serres. Son *Théâtre d'Agriculture et Mesnage des champs*, qui parut pour la première fois en 1600, in-f°, a fait à peu près oublier tous les autres : chef-d'œuvre précieux, réimprimé un grand nombre de fois sous différents formats, jusqu'en 1675, puis à Paris en 4 vol. in-8°, 1803, édition qui n'a fait que reproduire celle de 1600, avec des retranchements, et sans les additions que de Serres avait faites dans plusieurs éditions suivantes. On y a aussi rajeuni grand nombre de mots. La Société d'Agriculture de Paris en a donné, en 1804, une excellente édition, 2 vol. in-4°, enrichie de notes, qui en forment un traité complet d'agriculture, mis au niveau de la science agricole, telle qu'elle était au moment où cette édition a paru.

De Serres parle du premier établissement des espaliers, et de son temps on entendait, par espalier, ce que nous nommons contre-espalier ; l'application des arbres en espalier aux murs est postérieure. « Par es-
» sai, dit-il, a-t-on trouvé presques tous fruits se
» ployer en telles sortes de verges... c'est la conduite
» de l'espalier auquel nostre Mesnager adjoustera ce
» qu'il jugera le pouvoir rendre d'intérêt magnifique,
» selon les journalières inventions des gens d'esprit. »
On donnait alors aux arbres les formes les plus bizarres : et plus loin, « j'ai dict en l'ordonnance de l'espa-
» lier n'y avoir aucune sujection. Suivant laquelle li-
» berté l'homme d'esprit se maniera diversement en
» cest endroit, dressant des espaliers de différentes
» sortes pour ornement de son lieu... Les bouts et
» cymes des arbres seront roignés à toutes les fois

» qu'on s'apercevra excéder la mesure donnée... Ne
» souffrirez sursaillir aucuns jettons, ains là juste-
» ment et uniment les ferez coupper... Ces jettons (les
» branches tendres) seront escartés les uns des autres
» tant également qu'on pourra, pour leur faire occu-
» per le vuide par proportionnée mesure, retranchant
» des brins tout ce qui, par trop de presse, empêche
» l'ageancement de l'ouvrage, n'estant convenable de
» entasser les uns sur les autres,... Chaque année sera
» réitéré l'attachement des jettons, les ageançeant,
» coupant, recourbant par guide de la besongne, pour-
» veu que le temps soit beau et serain, sans pluie, ni
» excessifs vents et froids. » Tantôt, pour la taille, il
veut qu'on observe les jours de la lune, et tantôt il
veut qu'on *œuvre* en quelque lune que ce soit.

De la publication de cet ouvrage date une nouvelle
époque de perfectionnement pour toutes les parties de
l'agriculture. De Crescens et lui représentent seuls
cette science, savoir, le premier, depuis le 14ᵉ siècle
jusque vers le milieu du 16ᵉ; et de Serres jusque vers
la fin du 17ᵉ.

L'art de tailler les arbres fruitiers était encore dans
l'enfance, même après Olivier de Serres. Il n'avait pas
tiré grand secours des ouvrages de Davy, de Dumesnil,
de Benoit Lecourt, de Gallo, italien, traduit par Belle-
foret, de Mizaut, traduit par Lacaille, d'Ayral, de
Porcher, d'Arnaud Landeric, qui rejeta l'opinion générale de son temps, sur la nécessité ou même l'utilité
de ne pratiquer des opérations diverses sur les arbres
fruitiers, qu'à telle ou telle phase de la lune, ni d'au-

tres auteurs oubliés, qui avaient écrit avant lui ; et parmi ceux qui l'ont suivi, il n'en est qu'un très-petit nombre dont on puisse citer les ouvrages ; mais pourtant il en est où l'on trouve la plupart des principes sur la taille, et qu'on n'a fait que développer depuis. La Framboisière, Quiquerain de Beaujeu, qui avait écrit en latin en 1551, mais dont l'ouvrage ne fut traduit par de Claret qu'en 1616, Lectier, qui a étendu les premiers catalogues de fruits de Saint-Étienne et de Ruel ; et Boiceau de la Barauderie, intendant des jardins de Henri IV et de Louis XIII, ainsi que André et Claude Mollet, premiers jardiniers du roi, dont les ouvrages furent publiés plus tard, ne firent pas faire un pas à la science de la taille des arbres fruitiers ; et tous ces écrits, dont l'ouvrage de de Serres avait déterminé l'apparition, comme la traduction du traité de de Crescens avait déterminé la publication de ceux qui avaient paru avant le *Théâtre d'Agriculture*, n'y jetèrent pas un grand jour.

Parmi le grand nombre des traités sur la taille des arbres qui parurent depuis le commencement jusque vers le milieu du 17e siècle, il en est pourtant trois qu'il faut distinguer. Le premier est le *Jardinier François*, ouvrage estimé, et qui, tout en admettant des espaliers établis et appuyés sur les murs des jardins, dont Boiceau de la Barauderie avait déjà parlé, en exclut formellement le pêcher, surtout parce que sa belle figure était difficile à conserver, se dégarnissant facilement par le bas. Les éditions de cet ouvrage se sont fort multipliées depuis 1651, époque où il parut, jusque vers le milieu du 18ᵉ siècle. Sa 20ᵉ édition est de 1755. Il a été traduit en anglais par Evelyn.

On trouve dans cet ouvrage, auquel plusieurs auteurs, qui ont écrit sur le même sujet, renvoient pour différents procédés adoptés sur la taille des arbres fruitiers, des instructions fort intéressantes sur ce point ; et l'on voit que l'art de la taille avait déjà fait quelques progrès remarquables. On y trouve aussi l'éloge d'Olivier de Serres. Il avait paru sous le voile anonyme des lettres initiales suivantes : R. D. C. D. W. B. D. N. qui, lues de droite à gauche, sont les initiales des mots suivants : *Nicolas de Bonnefonds, valet de chambre du roi*, et depuis avec son nom, et sous le nouveau titre de : le *Ménage des champs et de la ville*. On y remarque, dès la première édition, la distinction entre lier et dresser les arbres ; quant à cette dernière opération, il dit : « La principale sujection de bien dresser des arbres et » de les estendre en forme d'esventail ouvert, c'est à » dire que les bâtons de l'esventail ne se croisent point » les uns sur les autres ; » et pour la première, il dit que « La façon d'espaler les arbres, la plus belle et la » plus agréable, est d'aprêter les jeunes branches avec » des petites lanières de cuir ou des lizières de drap, » les attachant au mur avec du cloud. » Il veut que l'on taille court un arbre faible, et long s'il a de la force : outre la taille ordinaire, il admet et l'ébourgeonnement, et le pincement. Il nomme *Mères branches* les premières qui sortent de la tige ; il entend que l'on fasse le moins de plaies que l'on pourra, et il donne le conseil de ne pas tailler avant que d'avoir examiné l'effet de la taille précédente. Comme plusieurs de ceux qui ont écrit avant lui, il parle de la pêche de Troyes, ainsi que de celles de Corbeil, de Gaillon, comme très-belles, et de Pau, des brugnons de Béarn, et des alberges de Provence. Et enfin, suivant lui, « gouverner les arbres » est une connaissance toute particulière, qui ne s'ap- » prend pas chez les planteurs de choux. »

Très-peu après la publication du *Jardinier François*, en 1652, parut aussi un traité, très-court, et plus à la portée des jardiniers que l'ouvrage d'Olivier de Serres, tant à cause de son format, qu'à raison de ce que le langage de de Serres avait vieilli. Ce petit traité a pour titre : *La manière de cultiver les arbres fruitiers, par le sieur Legendre, curé d'Henonville*, Paris, 1652, petit in-12. Ce travail est le fruit d'une longue expérience. La noble simplicité, la clarté et la raison qui y dominent, portent le cachet de cette célèbre Société d'amis, de savants solitaires, que des dissentions religieuses avaient déterminés à se réunir à Port-Royal. Ouvrage pseudonyme, il fut attribué d'abord à Pont-Château de Camboust de Coaslins, plus spécialement chargé du jardin de Port-Royal ; mais depuis on s'est assez généralement accordé à reconnaître Arnault d'Andilly comme son véritable auteur : quelques personnes pourtant ont prétendu qu'il avait profité des Mémoires fournis par Legendre. Ce qu'on peut lui reprocher, c'est l'indication des phases de la lune, comme importantes pour greffer et tailler les arbres, préjugé transmis par de Crescens et Gorgole de Corne, comme nous venons de le voir, et d'abord admis par Bonnefonds, mais rejeté dans ses éditions postérieures, surtout dans celles du 18e siècle, et depuis que de la Quintinye, qui, pendant un grand nombre d'années, s'était livré à des expériences multipliées, en avait prouvé la futilité.

A l'époque où parut ce traité, on avait encore beaucoup de répugnance à adopter les espaliers dirigés le long des murs. Aux raisonnements purement théoriques produits contre cet usage nouvellement introduit, il oppose les résultats de l'expérience, et attribue *à cette invention* l'avantage qu'on a aux environs de Paris, de réunir des arbres dont on faisait auparavant venir les fruits des diverses parties de la France. On plantait de son temps des pêchers sans branches, jusqu'à la hauteur de quatre pieds, et des chasselas au-dessous. (Le contraire a été pratiqué depuis.) Il préfère des branches proche de terre pour garnir le bas de la muraille; en quoi, selon lui, consiste la beauté des espaliers. Il regarde « la façon de palisser, qui se fait avec le clou » et avec de petits morceaux de cuir ou de lisière de » drap, comme la plus propre et la plus belle de tou- » tes. » Il admet la pratique du pincement, sitôt que les bourgeons commencent à paraître; et de plus l'é- bourgeonnement et la taille ordinaire, selon la force des branches. « On doit principalement, dit-il, recou- » per le bois du mois d'aoust, qui est le jet de la der- » nière sève qui n'a pû meurir, et arrester les bran- » ches qui poussent trop, plus courtes que les autres. » Il faut commencer par la maîtresse branche, qui est » celle qui doit faire le corps de l'arbre, et la placer » toute droite sans la pencher d'aucun côté, et l'arres-

» ter par le haut, plus ou moins court, selon sa force
» et celle de l'arbre. On doit ensuite arranger des deux
» côtés toutes les autres branches, et les baisser jus-
» qu'à demi-pied proche de terre, s'il se peut, pour
» couvrir le bas de la muraille ; mais en palissant ainsi,
» il faut conduire toutes les branches comme les doigts
» d'une main ouverte, ou les bastons d'un éventail
» étendu, et prendre garde de ne les point contrain-
» dre, ni les courber en dos de chat. Il ne faut jamais
» que le bout des branches soit attaché plus bas que
» le lieu d'où elles sortent, mais il doit estre conduit
» en montant un peu.... En taillant et arrestant les
» branches, il faut encore prendre garde d'en couper
» une courte entre deux longues, les espacer entre
» elles suivant leur nombre et la force de l'arbre ; en-
» fin, toujours conserver le maistre brin, qui est celui
» qui monte droit, et l'arrester d'année en année, en
» sorte qu'il soit toujours le plus fort, et qu'il main-
» tienne la forme de l'arbre. »

Il est peu d'observations intéressantes sur la taille
des arbres fruitiers qu'on ne trouve dans l'un ou l'autre de ces deux auteurs, Bonnefonds et d'Andilly. Il
parut aussi presqu'en même temps, en 1653, une *Instruction sur les arbres fruitiers*, d'abord sous les lettres
initiales R. T. P. D. S. M, qui désignaient R. Triquet,
prieur de Saint-Mars, indication qui se trouve dans
quelques éditions, soit seule, soit unie au nom de Vau-
tier. Dans cette *Instruction*, Triquet développe les principes utiles et le mode de bonne pratique, présentés
quelquefois trop brièvement par l'un et par l'autre

de ces deux derniers écrivains : il a étendu aussi le catalogue des arbres fruitiers. On y trouve la pêche *Bourde*, depuis appelée *Bourdine*.

Dans l'intervalle qui sépare ces trois agronomes de l'époque où l'étude du jardinage prit un caractère particulier, et s'étendit d'une manière plus marquée, il parut un certain nombre d'ouvrages, où la taille des arbres fruitiers fut traitée plus ou moins spécialement.

Je dois commencer la nomenclature de ces ouvrages par le poëme latin (*Hortorum libri*), *Des jardins*, de Rapin, imprimé d'abord sous format in-4° en 1665, puis réimprimé à Naples, à Macareti, trois fois en Hollande, et ensuite sous plusieurs autres formats. Il fut traduit en vers anglais par Jean Evelyn. La taille des arbres y est recommandée d'une manière particulière ; le poëte dit qu'on ne peut jamais assez en reconnaître l'importance. Gazon Douxxigné en a donné une traduction en 1773, in-12 ; Woyron et Gabiot, une autre, en 1782, format in-8°. Viennent ensuite l'*Instruction facile*, de P. Morin, 1674. (Je ne parle pas de l'*Instruction* du pseudonyme *Aristote*, dit Jardinier de Puteau, ni de ses observations sur le curé Legendre, 1677). *L'abrégé pour les arbres nains*, de Laurent, notaire à Laon, 1775, 1 vol. in-12. Le *Jardinier royal* de l'abbé Gobelin, 1677. Le *Théâtre des jardinages*, 1678, de Claude Mollet, premier jardinier du roi et fils du jardinier du château d'Anet, dont les jardins étaient alors en grande réputation. *L'art de tailler les arbres fruitiers*, de Nicolas Venette, médecin, 1678. *La nouvelle Instruction* du p. Saint-Étienne,

1680. *L'abrégé des bons fruits, avec la manière de les con-noistre et de cultiver les arbres*, de Jean Merlet, Ecuyer, 1684. Il y traite surtout des pêchers, qu'il dit être « de » tous les arbres le plus recherché, et celui qui porte » le fruit le plus délicieux. » On n'y trouve rien d'intéressant pour leur taille ni pour celle des autres arbres : seulement il recommande de ne pas tailler court ceux qui portent beaucoup de bois. Il veut aussi qu'on taille en décours pour avoir du fruit. Dans son Catalogue des fruits, on trouve l'*avant-pêche de Troyes et la double de Troyes*, qu'il dit être d'un goût exquis ; la *pesche d'Andilly* et la *Bourdine*, qui, suivant lui, est meilleure en plein vent qu'en espalier ; on en a donné une nouvelle édition en 1740, et il est cité dans l'article PÊCHER du *Cours d'Agriculture, etc.*, de l'abbé Rozier.

Je ne pense donc pas qu'il y ait rien de bien utile à recueillir dans tous les auteurs qui ont traité le même sujet depuis Bonnefonds, d'Andilly et Triquet. Mais environ quarante ans après la publication de l'ouvrage du premier, en 1690, parurent, en 2 vol. in-4°, les Mémoires posthumes de La Quintinye, directeur de tous les jardins fruitiers et potagers du roi, sous le titre de : *Instruction pour les jardins fruitiers et potagers.*

Cet ouvrage fit époque pour la culture des arbres fruitiers, et il est vrai de dire que, vers la fin du 17ᵉ siècle, De la Quintinye, laissant bien loin derrière lui tous ceux qui l'avaient précédé, et dont les ouvrages furent à peu près oubliés, ouvrit une ère nouvelle pour la taille. De la Quintinye seul fit école.

2

De la Quintinye, d'abord avocat, puis précepteur du fils d'un président de la chambre des Comptes, voyagea en Italie avec son élève. Là il satisfit son goût dominant pour le jardinage, en observant partout avec soin la culture des jardins. De retour à Paris, il fit, dans le jardin de l'hôtel de Pont, l'essai de la pratique des principes qu'il avait reconnus applicables chez nous. Après deux voyages en Angleterre, où le roi Jacques second lui offrit de le placer à la direction en chef de ses jardins, Louis XIV lui donna la direction des siens, et il en reçut le brévet des mains de Colbert, en 1687.

Dans sa préface, cet écrivain-jardinier déclare avoir obligation à plusieurs de ceux qui l'ont précédé; et après avoir annoncé « qu'il est surtout redevable à » l'ouvrage des personnes qui ont pris le nom du curé » d'Henonville (c'est celui d'Arnauld d'Andilly), et qui » lui ont donné sur les jardins les premières vues dont » il ait profité, il ajoute qu'on peut bien se récrier sur » le grand nombre de tant d'autres livres... qu'il re- » garde comme des traductions importunes, ou des ré- » pétitions désagréables de plusieurs vieilles maximes ; » il se plaint de ce que certaines gens, prévenues en sa » faveur, sont tentées d'imiter sa manière de faire, sans » savoir ses principes : ainsi, dit-il, on a vu dans mes » arbres quelques branches courtes, on a dit aussitôt » que ma manière était de tailler court ; tel autre en a » vu de longues, il soutient de son côté que ma ma- » nière est de couper long... D'autres, enfin, m'accu- » sent d'incertitude.... Et ceux qui ne réussissent pas » trouvent leur excuse dans ce qu'ils prétendent être

» mon exemple.... Et c'est ce qui m'a déterminé à
» mettre par écrit mes principes. »

La quatrième partie de son ouvrage (tome 2) est
toute consacrée à la taille des arbres fruitiers. Il
commence par sa définition ; déclare chimérique l'observation du décours de la lune ; donne les raisons qui
obligent d'avoir recours à cette opération ; indique la
distinction des branches, la manière de les bien connaître, leur emploi ; ce qu'il éclaircit au moyen de
planches gravées. Il enseigne qu'il faut tailler suivant
le genre des arbres ; puis il passe aux tailles successi-
ves, d'année en année.

Il termine par des maximes ou observations très-
importantes, au nombre de 67. Le chapitre 30 et les
suivants sont particulièrement destinés à la culture des
pêchers et des abricotiers. On y trouve leur taille successive d'année à autre depuis leur plantation ; leur
gouvernement, l'ébourgeonnement, le pincement, etc.
Enfin, on y voit un système suivi et bien développé ;
et, s'il est quelques maximes que l'expérience a fait rejeter, il en est un grand nombre qu'elle a fait adopter.
Il a rendu aussi un grand service, en fixant plus particulièrement l'attention des jardiniers sur l'art de tailler
les arbres ; et le peu d'erreurs qu'on lui reproche, quoique assez importantes pour l'effet qu'elles ont produit,
à raison du mérite particulier de l'auteur, tient nécessairement au temps où il écrivait, et peut-être aussi un
peu à l'ordre adopté par leur éditeur, pour la classifi-
cation des différents Mémoires qui composent l'*Instruction pour les jardins*, ce qui a pu y jeter la confusion

qu'on croit y avoir remarquée. Cet ouvrage n'en a pas moins donné une très-grande impulsion à la science de la culture des arbres fruitiers, et surtout à celle de leur taille; et, comme je l'ai dit plus haut, il a aussi puissamment concouru, avec l'édition du *Nouveau Jardinier françois*, à détruire le préjugé de l'influence exagérée des diverses phases de la lune.

Directeur de tous les jardins du roi, sous ce rapport, les jardins de Versailles sont la création de De la Quintinye, comme ils sont celle de Le Nostre sous les rapports de distribution et d'agrément; et, ce qu'il y a de très-certain, c'est que les principes de De la Quintinye, plus ou moins bien entendus, et assez légèrement modifiés, dirigèrent, depuis la publication de son ouvrage, à peu près tous les auteurs qui écrivirent sur la taille des arbres fruitiers pendant environ soixante ans. Le reproche qui paraîtrait le plus fondé serait celui d'avoir admis en général une taille trop forte et trop multipliée, au lieu du pincement, pour maintenir la forme en éventail, constamment suivie depuis; ce que peut-être La Fontaine, son contemporain, avait dessein d'indiquer par sa fable du *Philosophe Scythe*. Quoi qu'il en soit, la publication de cet ouvrage important, que son format, son étendue et son prix mettaient hors de la portée des jardiniers, fut bientôt suivie de traités divers sur la taille des arbres fruitiers, où le système de De la Quintinye fut enseigné et développé d'une manière très-favorable à son adoption.

L'un des premiers fut celui de l'abbé De la Châteigneraie : *La connaissance parfaite des arbres fruitiers, et*

*la méthode facile et assurée de les planter, de les enter, de
les tailler, etc., etc.*, 1 vol. in-12, 1692. Ce traité, de
222 pages, dédié au roi, et approuvé par Le Nostre, n'a
pas eu le succès que son auteur s'était trop flatté d'obtenir. Il est cependant écrit avec soin, et les principes
qu'il contient sont assez généralement bons. L'auteur
pense qu'il faut reconnaître trois sèves, et delà pratiquer trois tailles d'été ; on y trouve les indications assez
claires et assez expresses de ce qu'on a appelé depuis
amuser la sève, supprimer le canal direct de la sève, etc.
Ces trois sèves et ces trois tailles d'été ont été attaquées
depuis par Liger, peut-être avec trop peu de ménagement.

En 1692 parut une *Nouvelle Instruction facile pour la
culture des figuiers,* par Garnier, 1 vol. in-12 ; puis en
1696, l'*Ecole des jardiniers,* de Tschiffet, le *Nouveau
Traité de la taille des arbres fruitiers,* etc., par René
Dahuron. Ce dernier avait été, pendant cinq ans, simple jardinier sous De la Quintinye. Devenu fort habile,
il entra chez le duc de Brunswick-Lunebourg, auquel
il dédia son livre, puis chez le roi de Prusse, à Berlin.
Cet ouvrage est un abrégé des principes de De la Quintinye. La première partie est simple et claire ; la seconde n'est qu'une mauvaise compilation. Il a eu plusieurs éditions, et fut traduit en allemand et en italien.

En 1700, Paul Crottendorf publia son *Instruction sur
les arbres fruitiers,* écrite en français et allemand, sous
le format in-4°, en plusieurs volumes ; et Liger donna,
en 1703, son *Dictionnaire d'agriculture* in-8°. La même

année parut l'ouvrage qui a pour titre : *Curiosités de la nature et de l'art sur la végétation, ou l'agriculture et le jardinage dans leur perfection*, 2 vol. in-12, par Pierre Lorain, abbé de Vallemont. Cet ouvrage a été réimprimé plusieurs fois. On trouve dans le deuxième volume l'analyse des principes de De la Quintinye, sur la taille des arbres fruitiers, la forme en éventail recommandée, ainsi que le précepte de tenir courtes les branches fortes, et longues celles qui sont faibles. Dans ses dernières éditions, il cite le *Jardinier solitaire*, dont je vais parler.

En 1705, un religieux de l'ordre des Chartreux, Dom Gentil, présenta aussi, et sous le nom de frère *François*, le système de De la Quintinye, dans un ouvrage in-12, ayant pour titre : le *Jardinier solitaire, ou Dialogues entre un curieux et un jardinier*, etc., etc. Le frère François, frère-lai au couvent des Chartreux de Paris, était chargé du soin des pépinières de cette maison. Il avait succédé au frère Alexis, qui avait été pépiniériste fort distingué à Vitry, près Paris, et était entré chez les Chartreux en 1650. Au frère *François* succéda un frère *Philippe*, qui, à ce qu'il paraît, fut remplacé par Christophe Hervi. Dom Gentil, donc, après avoir fait un éloge pompeux de De la Quintinye, donna un abrégé de ses principes. Il conserva la forme en éventail, l'ébourgeonnement ; il admit le pincement, mais quant à cette opération, il en restreignit beaucoup l'usage, et il ne l'approuva pas pour le pêcher ; il déclare même qu'il doute que les auteurs qui l'ont admise pour cet arbre l'aient mise en pratique.

Le *Jardinier solitaire* mérite le succès de vogue qu'il obtint. Il eut, avec le *Jardinier françois*, rajeuni, comme je l'ai dit, sous le titre de le *Nouveau Jardinier françois*, pendant plus de la moitié du 18ᵉ siècle, une grande influence sur la direction et la taille des arbres fruitiers et du pêcher en particulier, dont les arbres en espalier prirent une plus belle forme, celle en éventail bien ouvert, devenue alors assez générale, ainsi que sur la taille opérée sans égard aux phases de la lune. Enfin, cette taille fut connue alors, comme depuis, sous le nom de *taille à la Quintinye*. Cette influence du *Jardinier françois* et du *Jardinier solitaire*, ils la partagèrent avec de Combe, relativement au pêcher, comme nous allons le voir tout-à-l'heure ; on leur dut la connaissance des travaux des habitants de Montreuil, de Bagnolet et pays voisins, qui se répandit plus tard.

Un *Traité ou Abrégé curieux touchant le jardinier*, a été publié en 1706, in-12.

En 1707 parurent les premiers chants du beau poëme de Vanière, sur la *Maison rustique (le Prædium rusticum)*, puis les autres successivement.

Cet ouvrage, dans lequel sa muse s'est si agréablement exercée, a eu un grand nombre d'éditions sous différents formats. Il a été traduit en prose par Berland d'Halouvry, en 1756, 2 vol. in-12, sous le nom d'*Economie rurale*, traduction fort estimée ; et la même année, par Ant. Le Camus, sous celui de l'*Economie champêtre*. Roulhac de Clusand le traduisit en vers, in-8°, 1779. J'emprunte à la traduction de Berland les deux passages suivants du livre 5. En parlant d'un jeune arbre, il dit : « Souvenez-vous de réprimer

» son penchant à s'étendre, vous en serez récompensé
» par la grâce que la taille lui donnera ; mais il faut
» qu'il la reçoive dès les premières années, car un
» arbre mal taillé, ainsi qu'un jeune homme mal élevé,
» ne va qu'en empirant ; l'âge ne corrige jamais ce qui
» n'a pu être redressé à la première culture.

» Ne laissez point tailler vos arbres par vos domes-
» tiques ; ce sont des bourreaux qui les mettraient en
» pièces. Apprenez vous-même à manier adroitement
» la serpette, et les arbres reconnaissants, vous dé-
» dommageront de vos peines par leurs riches pré-
» sents. »

Après Vanière, en 1709, Chomel fit imprimer son *Dictionnaire économique*, 3 vol. in-f°. Cet ouvrage, dont on a donné plusieurs éditions, est une espèce d'encyclopédie agronomique assez intéressante : puis parurent successivement le *Parfait Économe*, de Rosni, in-12 ; la *Théorie et pratique du jardinage*, in-4° ; le *Jardinier botaniste*, de Besnier ; les *Observations sur l'agriculture et le jardinage, etc.*, d'Angran de Rueneuve, 2 vol. in-12, 1712. C'est toujours la forme en éventail qui est recommandée pour les espaliers. Ce dernier indique aussi comme « culture bonne et très-favorable du pêcher, de
» couper court une branche entre deux autres branches,
» et l'année suivante, de tailler la courte longue et la
» longue courte, et ainsi d'année en année. » Opération que nous avons vue recommandée par d'Andilly, dont il ne cite pas l'ouvrage, bien qu'il cite le *Jardinier solitaire* et sa méthode d'étêter un vieux arbre pour le rajeunir. Vient ensuite le *Jardin de Hollande planté de*

fleurs et de fruits, de Jean Duvivier, 1 vol. in-12, 1714 ;
puis les *Observations sur la manière de cultiver les arbres
fruitiers*, 1718 ; le *Fruitier de la France*, de Le Maistre,
1719. Je dois distinguer particulièrement le *Spectacle
de la nature*, de Pluche, petite encyclopédie élémentaire qu'on a cherché inutilement jusqu'ici à surpasser.
Au tome 2, le 8ᵉ entretien *sur la taille et le gouvernement des arbres fruitiers* contient un Mémoire sur cet
objet. L'auteur y préconise la forme en éventail « où
» les filles d'une mère branche deviennent mères à leur
» tour.... Toute l'adresse de la taille se réduit à trois
» points : propreté, économie, prévoyance : propreté,
» pour donner une belle forme à l'arbre.... par le re-
» tranchement de tout ce qui y jette de la confusion et
» de l'inégalité, surtout dans les commencements : éco-
» nomie, pour distribuer partout la sève, et la ménager
» également de tous les côtés. . . elle embrasse l'ar-
» bre entier et chacune de ses parties : prévoyance,
» pour préparer de longue main les branches dont on
» aura besoin... pour juger par avance du sort des
» branches et ménager de loin des ressources pour
» remplir promptement les vuides ; disposer de quoi
» remplacer un jour celles ou qui s'useront d'elles-
» mêmes, ou qu'il faudra retrancher... On taille long
» les arbres vigoureux, et on taille court les arbres
» foibles. » Il recommande en outre une surveillance
continuelle.

Vient ensuite la *Méthode pour bien cultiver les arbres
à fruits, et pour bien élever les treilles*, par les sieurs De
La Rivière et Dumoulin, Paris, 1738, in-12. Dans les

éditions qui ont suivi, tantôt on a ajouté le mot *nouvelle*, ainsi, *Nouvelle méthode, etc.*, et tantôt on n'a inscrit que le nom seul de *Dumoulin*; dans plusieurs le titre seul est changé. Quelques années après, en 1743, Louis Liger donna une nouvelle édition in-12, ou plutôt un abrégé de l'ouvrage dont nous avons déjà parlé, et sous le titre de *Culture parfaite des jardins fruitiers et potagers, avec des dissertations sur la taille des arbres.*

Ce traité est en forme de dialogue entre un jardinier et son fils. Le premier, sous le nom de *Maître-Jacques*, et le second sous celui de *Bertran.* Il s'occupe de la taille au 3e livre. Il explique clairement ce que c'est que *tailler en crochet.* Ses préceptes sont généralement bons; et, sans s'occuper d'aucune forme particulière, ce qu'il dit de la taille du pêcher est très-raisonnable. Mais ses diverses instructions, quoique accompagnées de gravures en bois, sont trop peu développées sur quelques points, et insuffisantes.

Très-peu après Liger, de Combe, que Bengy-Puyvallée a regardé comme un des meilleurs praticiens de son temps, donna un *Traité de la culture des Pêchers.* Il le publia en 1745; cet ouvrage est assez instructif, et a eu plusieurs éditions, dont la 6e est de 1822. Il a été traduit en plusieurs langues; il est court, et cependant la taille du pêcher y est savamment traitée. De Combe prétend qu'avant lui « ce sujet n'a été qu'ébauché, et qu'aucun des »auteurs n'en a fait une étude suffisante pour pouvoir »servir de guide, excepté M. De la Quintinye, qui a donné »des règles fort judicieuses fondées sur l'expérience et »sur le bon raisonnement, mais qu'il y a des omissions, et

»pas assez d'ordre... qu'il a parlé judicieusement de l'é-
»bourgeonnement, mais qu'il est trop diffus... que lui-
»même pourtant il a profité de ses lumières... Et il se
»flatte de traiter ce sujet avec plus de netteté et d'exac-
»titude. » Ce qui n'a pas empêché qu'on ait eu à lui
reprocher aussi à lui-même, outre l'admission de quelques erreurs de De la Quintinye, des omissions importantes, le défaut de principes fixes, et son opinion,
que la méthode des Montreuillois ne pouvait convenir
que dans une terre comme la leur, que leur succès n'é-
tait qu'un privilége du terrain... trompé, à la vérité en
cela, par les ouvriers qu'il employait, et qui n'avaient
pas d'idée exacte de cette méthode qu'ils ne connais-
saient pas assez pour en faire usage, et encore moins
pour la juger. Voici son système :

« Pour règle fondamentale, toute l'œconomie de votre
» arbre doit rouler sur deux ou quatre bonnes bran-
» ches égales en force, qui doivent être comme les
» mères de toutes les autres ; c'est sur celles-là que
» vous devez veiller avec un soin particulier pour les
» espacer également et leur laisser toute l'étendue
» qu'elles peuvent souffrir ; ne point trop charger et
» entretenir le plein, voilà tout l'art de la taille ; je re-
» tranche les branches usées, les grosses et les petites
» branches de l'année, après lequel retranchement, il
» ne reste plus que des branches égales en force. » Il
s'occupe alors de la taille de ces branches qu'il *allonge*
ou *raccourcit*, suivant l'espèce, « et, la charge de l'ar-
» bre l'année précédente, ne laissant jamais, hors quel-
» ques cas particuliers, qu'une branche de toutes celles

» qui sont venues sur la branche taillée l'année précé-
» dente. Enfin, il retranche tout ce qui a porté fruit
» dans l'année, et il le remplace par de nouvelles bran-
» ches que le dessous doit lui fournir. »

Je ne dirai rien ni de l'article *Taille* de l'Encyclopédie, ni de l'*Essai sur l'agriculture moderne*, des abbés
Nolin et Blavet, sinon que, dans le premier, on préfère, pour l'arbre en espalier, « la figure d'une main
» ouverte, ou d'un éventail déplié, comme autant agréa-
» ble à l'œil que favorable à la production du fruit, »
et que le second contient un bon catalogue et bien raisonné des arbres à fruits qui méritent d'être cultivés.

L'*Art de cultiver les pommiers et les poiriers*, etc., du
marquis de Chambray, 1765, n'est relatif qu'à la culture des arbres à cidre. Cependant il ne manque pas
d'intérêt. Il en est de même de la *Culture des arbres*,
de Thierriat; des *Agréments de la campagne*, de Lacourt,
traduit du hollandais, 1750, et des *Nouvelles observations physiques et pratiques sur le jardinage*, de Puisieux,
traduit de l'anglais de Bradley, 1756, 3 vol. in—12,
et du *Manuel du jardinier*, de Mandizola, traduit de
l'italien par Andry, 1765. Ce dernier, conservant aux
espaliers la forme en éventail, indique, pour renouveler
les branches épuisées, et surtout celles à fruit, la pratique d'une greffe qui ressemble, sous quelques rapports, à celle en écusson, et au moyen de laquelle on
aurait, suivant lui, facilement et toujours des branches à fruit, depuis le haut jusqu'au bas de l'arbre.
Cet ouvrage n'est, au surplus, qu'une compilation.

On a pu observer tout à l'heure que De Combe s'était trop peu occupé des travaux au moyen desquels les Montreuillois obtenaient de leurs arbres fruitiers, et des pêchers surtout, des produits d'une abondance extraordinaire, pour être en état de les bien apprécier. Ils le furent mieux par Alletz, dont l'*Agronome, Dictionnaire portatif du cultivateur*, 2 vol. in-8°, avait paru en 1760, et qui eut depuis plusieurs éditions. A l'article *Arbre* de son Dictionnaire, on lit « qu'il faut donner à » tous les arbres d'espaliers et de contre-espaliers, la » forme d'un V déversé, c'est-à-dire plus ouvert qu'à » l'ordinaire, et non la forme d'un éventail, et ce dès » la première taille ; que c'est la méthode des gens de » Montreuil... et qui leur procure les plus beaux espa- » liers et les plus excellents fruits. » Le même, à l'article *Taille*, donne le conseil de couper une branche courte entre deux branches longues. D'autres circonstances firent mieux connaître les travaux des habitants de Montreuil.

En effet, quelques années avant l'époque où fut publié l'ouvrage de De la Quintinye, c'est-à-dire, bien certainement plus de soixante-dix ans avant la publication du traité de De Combe, les habitants de quelques villages qui avoisinent Paris, tels que Montreuil, Bagnolet, Malassise, etc., offraient le spectacle d'un petit canton dont les jardiniers employaient, pour la taille de leurs arbres, des procédés acquis plutôt par une expérience réfléchie, que par la connaissance des systèmes plus ou moins bien raisonnés sur les mouvements de la sève dans les végétaux. Mais ce canton ne commença réellement à être distingué et bien connu, que quand Girardot, propriétaire à Bagnolet et à Malassise, rendit ses jardins fameux par la culture de ses arbres fruitiers, qu'il dirigea lui-même.

Après avoir servi dans les Mousquetaires, et obtenu la croix de Saint-Louis, Girardot se retira dans son petit fief; et, dans l'espoir de réparer les torts de la fortune à son égard, il fit construire dans ses jardins des murs parallèles à l'instar de ceux qu'il avait pu voir aux jardins de Versailles : « il y déploya tant d'industrie et d'activité, dit Legrand d'Aussi, non seulement à se procurer des fruits, lorsqu'il n'y en avait point ailleurs, mais encore à les obtenir meilleurs, plus beaux, et surtout plus hâtifs, qu'il a vendu des cerises jusqu'à un franc chaque; et que, la ville de Paris donnant une fête dans la saison des pêches, une certaine année où elles avaient manqué partout ailleurs, on lui en acheta trois mille qui furent payées un écu pièce... il allait même tous les ans en présenter au Roi; et ces mêmes jardins étaient devenus, pour les Parisiens opulents, un but de promenade, et une partie de plaisir. On y allait en foule dans la saison des fruits, se régaler de pêches, et admirer la beauté de ses espaliers; et il n'était pas rare d'y compter, dans certains jours de la semaine, jusqu'à 50 ou 60 carosses à la fois. » On a encore ajouté au récit, peut-être déjà un peu romanesque, de Legrand d'Aussi, que Louis XIV était allé visiter les jardins de Girardot.

L'appât d'un débit sûr et avantageux encouragea les habitants de Montreuil à la culture des fruits de toute espèce, et surtout à celle des pêches : l'exemple des succès brillants de Girardot fut pour eux un stimulant

actif ; ils redoublèrent d'efforts et de travail pour obtenir les mêmes résultats. La Framboisière, médecin de
Henri IV et de Louis XIII, écrivait en 1614 que la
meilleure pêche était celle de Corbeil. Corbeil avait cette
réputation depuis longtemps, puisque Rabelais, dans
son Pantagruel, L. 4, Ch. 59, met les pêches de Corbeil
parmi les choses *que sacrifient les gastrolâtres à leur Dieu
ventrepotent*, et que Papire Masson dans sa description des
fleuves, en parlant de Corbeil, rapporte comme un
dicton populaire : *fruict de Corbeil, belle de pesche.*

Ch. Etienne, en son *Prædium Rusticum*, dit que de
toutes nos pêches, la *pesches de Corbeil* est la meilleure.

Corbeil et plusieurs pays voisins sont encore en pos-
session de cultiver avec succès le pêcher en plein vent.
Du temps de Arnauld d'Andilly, comme il s'en plaint
lui-même, et jusqu'à De la Quintinye, on regardait assez
généralement le pêcher comme un arbre trop difficile
pour être assujetti à un espalier.

Montreuil était toujours fort peu connu. Pépin, sans
doute le père de Pierre Pépin, né en 1722, avait quitté
sa patrie pour se mettre au service de De la Quintinye en
qualité de garçon jardinier. Pépin travaillait à la manière de son pays, où le pêcher était déjà cultivé ; De la
Quintinye n'approuvant point cette méthode, congédia
Pépin qui revint à Montreuil.

Boudin, l'un des cultivateurs de Montreuil, et dont
la famille demeure encore à Bagnolet, fut admis à présenter à Louis XIV des pêches de la plus grande beauté,
provenant d'une variété qu'il avait obtenue de la
mignonne par sa culture. Le Roi voulut qu'on la cul-
tivât dans ses jardins. On l'appela *la Royale*, ou *la*

Boudine royale. Pépin, Boudin et Beausse, le père, assu-
raient en 1754 que le pêcher était cultivé chez eux
depuis au moins 150 ans, ce qui porterait cette culture
à plus de deux siècles avant l'époque actuelle: leurs
pères n'avaient point vu naître cette culture. Mais enfin,
l'attention commençant à se porter sur ces différens
villages, peu à peu Montreuil acquit de la célébrité.
Des observateurs s'aperçurent que ces cultivateurs
d'arbres fruiters, tout en profitant pourtant des leçons
pratiques qu'ils pouvaient avoir reçues de Girardot, qui
lui-même avait pu s'instruire par la lecture des divers
écrivains dont nous avons parlé, suivaient une direction
toute particulière; qu'ils ne s'astreignaient pas à l'observation de tel ou tel mode de tailler les arbres déclaré le
seul convenable par les écrivains agronomes précédents;
que la culture des arbres fruitiers était entre leurs
mains une étude pratique, une physique expérimentale
présentant des résultats tout-à-fait extraordinaires, et
qu'ils étaient bien loin d'être atteints par ceux qui
tenaient à l'observation rigoureuse des préceptes de
De la Quintinye, quoique déjà bien modifiés par les
auteurs qui l'ont suivi.

L'abbé Roger de Schabol qu'un penchant irrésistible
entraîna, dès son enfance, vers le jardinage, avait
demeuré à Saint-Magloire, séminaire assez proche des
Chartreux, où il eut occasion de faire connaissance
avec le frère François, et ensuite avec le frère Philippe;
il acheta à Sarcelles, village à 4 lieues de Paris, une
maison de campagne. Là il se livra pendant plus de 40
ans, et même jusqu'à la fin de sa vie, à son goût pour

la culture , surtout des arbres fruitiers. Il étudia la méthode pratiquée par les habitants de Montreuil, Bagnolet
et villages circonvoisins. Il raconte lui-même qu'après
28 ans de pratique raisonnée, il n'avait en rien perfectionné la taille de ses arbres, dont tout le mérite était
d'être mieux soignés que ceux de son voisinage ; et qu'il
ne fut tiré de sa routine, que parce qu'un de ses voisins
auquel il montrait avec quelque prétention ses espaliers ,
lui dit assez vivement : «Vous croyez savoir beaucoup, et
»vous vous trompez. Allez voir ces manants de Montreuil,
»et vous conviendrez que vous n'êtes qu'un ignorant. »
Il s'y rendit, et il fut aussi étonné que satisfait des travaux et des succès de ces simples villageois depuis plus
d'un siècle et demi.

Les succès que lui-même obtint alors l'engagèrent à
se livrer à l'étude du gouvernement des arbres et de leur
taille dans toutes leurs parties et dans tous leurs détails ;
à suivre d'une manière particulière cette pratique dont
les effets étaient si merveilleux. Les résultats de cette
nouvelle méthode attirèrent sur lui les regards. Il eut à
Choisy une audience du roi qui le nomma directeur des
jardins du château de Choisy, où il ne resta que très-peu
de temps. On lui doit la justice de dire que ce fut lui
qui, le premier, fit connaître et apprécier l'industrie
jusqu'alors trop peu connue des Montreuillois , et qui
inspira aux véritables amateurs du jardinage le désir
de l'examiner de plus près. Ainsi que l'a dit Aubert Du
Petit Thouars, il détermina une révolution dans l'art de
diriger les espaliers , en attirant l'attention par la méthode employée depuis longtemps par les Montreuillois.

Avant lui de Combe et Alletz seuls en avaient parlé ;
mais il commença à la faire connaitre plus particulié-
rement par un mémoire publié dans le numéro de février
1755 *du Journal économique*. Puis en 1767 parut son
dictionnaire ayant pour titre *La théorie et la pratique du
jardinage et de l'agriculture par principes, et démontrée d'a-
près la physique des végétaux*. Il avait alors 77 ans. Il avait
préparé un ouvrage complet en 5 volumes ; c'était le
fruit d'un travail de 50 ans. Sa santé dépérissant de jour
en jour, Dezaillier-d'Argenville, son élève et son ami,
se chargea de mettre en ordre ses mémoires ; mais, dans
beaucoup d'endroits, il y substitua ses opinions particu-
lières, en sorte qu'à l'exception du *Dictionnaire* publié
en 1767, du vivant de l'auteur, et que Dargenville
refit à sa manière en 1777, on ne sait pas bien
ce qui appartient à l'abbé Schabol, ou à son éditeur, ou même à Laville-Hervé, son neveu, car ce dernier contribua aussi à la rédaction. Les ouvrages posté-
rieurs qui portent son nom se divisent en *Théorie* et
Pratique qui parurent en 1771, 1772, et eurent plusieurs
éditions en 3 vol. in-12. Les principes de la première
sont loin des connaissances acquises depuis sur la végétation ; ceux de la seconde sont en grande partie ceux
de Montreuil, je dis en grande partie, parce que Schabol,
ou ses éditeurs, y ajoutèrent des modifications basées
sur leur propre théorie. Dans la pratique, il s'attache
particulièrement au pêcher, et à la façon de le former. Il
distingue trois classes de branches. Les mères formant
un V; les membres et les branches-crochets, et qu'il
divise en branches montantes et en branches descen-

dantes, sont toutes bien désignées dans les gravures qui
accompagnent les diverses éditions. Chaque branche
mère forme un éventail particulier. Il donne à ses arbres
une vaste étendue; et dans la distribution des branches,
il observe un ordre le plus régulier possible, préférant
pourtant les arbres bien fournis de fruits, et un peu
irréguliers, à ceux qui, traités suivant les règles, en
produiraient moins. Il reproche à De la Quintinye une
taille trop forte à laquelle il attribue l'état où, de son
temps, on voyait les arbres qui présentaient constamment des chicots, des ergots, des onglets, etc., et
d'anciennes plaies, de la gomme, etc. Suivant lui, dans
le système du créateur des jardins, on *coupait* et on ne
taillait pas. Quand on ne donne point aux arbres assez
d'essor, il ajoute que les Montreuillois disent « qu'il ne
» faut que du bon sens pour concevoir qu'un homme dont
» on tire continuellement le sang et la substance, ne peut
» profiter, être en embonpoint et travailler; et que le jar-
» dinier, comme un père tendre, doit étudier les besoins
» de leurs arbres, guérir leurs maladies, prévenir les
» dangers, etc., etc. » Il indique la courbure comme un
moyen de rapporter du fruit; au surplus, il détaille les
diverses opérations ordinaires.

On suivit les prescriptions de Roger Schabol comme
présentant le tableau de la méthode de Montreuil. Mais
ses divers ouvrages étaient trop volumineux pour être
étudiés par la plupart des jardiniers. On l'abrégea en
1786 en un seul volume in-12 de 233 pages, portant le
titre de *Eléments du jardinage utile, ou manière de cultiver
avec succès le potager et le verger, d'après les principes et*

les expériences de Roger-Schabol et des meilleurs auteurs qui ont écrit sur cette matière, avec une planche gravée où sont les tailles des 4 premières années. Cet abrégé ne servit guère à répandre l'excellente méthode des Montreuillois: Mais à dater de la publication des ouvrages de Schabol, les plus riches propriétaires appelèrent les jardiniers les plus renommés de Montreuil pour diriger et tailler leurs arbres fruitiers, et surtout leurs espaliers. Delà cette méthode se répandit de proche en proche, et tous les jardiniers eurent la prétention de dresser et de tailler tous les arbres suivant la méthode de Montreuil.

Le premier ouvrage de Roger-Schabol fut bientôt suivi de la publication de ceux de Duhamel Dumonceau qui rendit son nom justement célèbre par ses travaux sur les arbres de toute espèce. Celui qui a pour titre : *Traité des arbres fruitiers contenant leur figure, leur description, leur culture, etc.*, 2 vol. in-4°, Paris, 1768, fut rédigé par Le Berriays, sur les Mémoires de Duhamel. On a regardé comme une contrefaçon la réimpression de Bruxelles, en 1782, 3 vol. in-8°. Une nouvelle édition in-f°, donnée par A. Poiteau et P. Turpin, a paru en 1788, avec figures coloriées ; c'est le plus bel ouvrage qu'on ait publié sur les fruits.

Le Traité de Duhamel est remarquable par la bonne doctrine qu'il renferme. Déjà une grande amélioration avait lieu dans les principes de la taille. L'auteur y déclare « que chaque arbre a son port et une façon d'être » qui lui est particulière ; que ce en quoi ils diffèrent » entr'eux ne peut être sensible, ni par les figures, ni » par le discours. »

Le chapitre 4 du tome 1er traite de la *taille des arbres fruitiers*, et l'article 3 est spécialement destiné à la taille des arbres d'espalier « qui sont privés, par le mur
» auquel ils sont appliqués, de l'espace et des moyens
» qu'ils auraient en plein vent pour étendre et nourrir
» leurs racines et leurs branches, dont même il ne con-
» serve que celles parallèles au mur : puis on sup-
» prime les unes, on raccourcit les autres. On les assu-
» jettit à une direction horizontale ou qui en approche....
» de sorte que, pour former sur le mur un tapis agréa-
» ble, d'une belle étendue, égale et uniforme des deux
» côtés de la tige, pour être bien garni partout sans
» confusion, pour produire des fruits supérieurs en
» grosseur et égaux en bonne qualité à ceux de plein
» vent » (Il aurait pu dire presque toujours meilleurs,
surtout pour le pêcher.) « cet arbre est condamné à
» passer sa vie dans une position contraire à son pen-
» chant ; exposé au fer, depuis que ses boutons com-
» mencent à s'enfler, jusqu'à la récolte de ses fruits ;
» toujours observé par un jardinier qui joint à l'adresse
» de la main la justesse du coup-d'œil. . . la pré-
» voyance pour ménager des ressources dans les besoins
» à venir, et régler ses opérations sur les suites qu'elles
» peuvent avoir, et les effets qu'elles peuvent produire.
» La connaissance de l'ordre commun de la nature, et
» le discernement des occasions où il doit être suivi, de
» celles où il doit être changé ; l'étude de son sujet, de
» toutes ses parties, de leur destination, de leur usage ;
» en un mot, qui sait l'art de procurer à un arbre, par
» l'arrangement et le retranchement raisonné de ses

» branches, la beauté de la forme et les avantages de
» la fécondité. » Il ajoute « que dans la taille tout doit
» se faire par principes et par raison, rien par routine
» et au hasard. »

Il renferme ses préceptes en sept propositions qui
contiennent des principes généraux, et il fait observer
que la taille n'a que des règles générales, et qu'elle ne
peut en avoir d'autres, « 1° parce que ni l'espèce, ni
» l'âge, ni la force, ni l'état de son sujet n'est fixe et
» déterminé ; 2° parce que son objet varie suivant les
» vûes du propriétaire. Les uns veulent en même temps
» la beauté, la durée et la fécondité, sacrifiant quelque
» chose de celle-ci à l'avantage d'une longue jouis-
» sance, et à la satisfaction que donnent à l'œil, dans
» la saison même la plus ingrate.... l'étendue et les pro-
» portions régulières d'un arbre bien taillé. Les autres
» trouvent très-beau l'arbre le plus difforme, pourvu
» qu'il soit bien chargé de fruits, et préfèrent peu d'an-
» nées d'abondance à une longue suite d'années de mé-
» diocrité ; 3° et parce que l'ordre naturel du dévelop-
» pement et du progrès des branches est souvent trou-
» blé par les maladies, l'intempérie des saisons, l'alté-
» ration des racines, divers accidents, et beaucoup de
» causes inconnues qui produisent des changements et
» des désordres que la plus grande sagacité ne saurait
» prévoir, et que toutes les connaissances et l'expé-
» rience peuvent rarement prévenir et réparer. » Delà
il regarde comme tout-à-fait inutile le détail des cas
particuliers qui varient presque à l'infini, et dont plu-

sieurs ne peuvent se résoudre qu'à la vue de l'arbre même.

Il détaille le mode d'opérer pour les trois premières années : il s'étend ensuite sur l'éloge des Montreuillois. « L'intelligence, dit-il, les observations, la longue ex-
» périence, et un grand maître, l'intérêt des habitants
» de ce village, toute leur vie occupés de la culture
» de leurs arbres, ont formé, perfectionné, adapté au
» terrain leur méthode particulière.... Mais, ajoute-t-il,
» cette méthode, il faut l'apprendre d'eux, l'étudier sous
» eux, et c'est une étude qui exige plus d'une année.»
Il prétend « qu'elle ne peut réussir ailleurs, et que leur
» taille ne doit point sortir du lieu de sa naissance ; » il attribue au terrain presque tout son succès.

Il passe ensuite à la culture du pêcher ; s'occupe de sa taille, dont le but est d'établir une juste proportion entre le travail de la sève de l'arbre et sa vigueur ; de l'entretenir dans une activité modérée qui nourrisse ses forces et prolonge sa vie.... Mais cette taille exige tant d'attention et de précision, « qu'un pêcher bien taillé
» est regardé comme le chef-d'œuvre d'un jardinier.
» Rien, en effet, n'y est indifférent : taillé trop long,
» il se dégarnit ; court, il ne produit que du bois ; trop
» chargé, il devient confus ; trop déchargé, il se ruine
» par les gourmands et branches de faux bois. Si l'on
» fait quelque faute dans la taille d'un poirier, d'un
» abricotier, etc., elle est réparable... Il n'en est pas
» ainsi d'un pêcher : les yeux qui ne se sont pas ou-
» verts dans le temps demeurent fermés pour tou-
» jours... Les fautes, une fois faites, sont ordinairement

» sans remède. » Enfin, il annonce comme les méthodes les plus approuvées et pratiquées avec le plus de
succès pour le pêcher, celle du frère Philippe, celle de
De Combe, et celle des jardiniers de Montreuil, à laquelle il reproche que les arbres où elle est employée
sont dégarnis par le bas, tout en ajoutant « qu'il est
» rare de trouver des cultivateurs aussi intelligents et
» aussi expérimentés. »

Le Berriays ne se contenta pas d'être l'éditeur des
Mémoires de Duhamel Dumonceau ; il publia un autre
ouvrage entièrement de sa composition, et qui a pour
titre : *Traité des jardins ou le Nouveau De la Quintinye*,
4 vol. in-8°, 1775 ; une deuxième édition a paru en
1789, aussi 4 vol. in-8°. On y trouve la culture :
1° des arbres fruitiers ; 2° des plantes potagères, etc. ;
et il en a publié un abrégé sous le titre de : *Abrégé du
Traité des jardins, contenant les arbres fruitiers, etc.*, in-18,
1791, et une deuxième édition en 2 vol. petit in-12,
1793, et une troisième en 1807. On y retrouve à peu
près les mêmes principes développés dans les Mémoires
et Traités précédents, mais trop abrégés.

La Société économique de Berne a fait imprimer, en
1768, à la suite de son *Ecole du jardinier fleuriste, etc.*,
1 vol. in-12, un petit traité des arbres fruitiers, extrait des meilleurs auteurs, traduit de l'allemand. Il a
aussi été imprimé séparément. On n'y trouve rien qui
puisse fixer l'intérêt, relativement à la taille, le rédacteur s'étant plutôt occupé de l'énumération des espèces
et de leur qualité.

Peu d'années après, en 1773, Pelletier de Frépillon,

ancien fourrier de la cour, propriétaire du domaine de Frépillon, près Saint-Leu, dans la vallée de Montmorency, publia, sous le titre pseudonyme de : *Essai sur la taille des arbres fruitiers*, par une société d'amateurs, un petit traité, format in-12, qui est assez estimé. Les meilleurs principes y sont enseignés ; il est fort court et très-clair ; il n'y est presque question que du pêcher en espalier. Mais l'auteur parut alors, et longtemps depuis, avoir trop insisté sur certaine forme, la forme carrée à donner aux arbres. On ne regarda pas cette forme comme devant contribuer beaucoup, ni autant que celles adoptées jusques-là, à leur produit, ni même plus qu'elles à leur conservation.

Ainsi que les écrivains qui l'ont précédé, il prend l'arbre dès sa naissance. « Pour donner, dit-il, à un arbre » espalier une forme agréable, il faut le tailler de façon » que les branches qu'on fera naître dans toute sa ca- » pacité forment une surface qui couvre le mur dans » un ordre symétrique ; et pour cet effet, elle doit être » carrée et sans épaisseur. On y parviendra, si, à cha- » que taille on a soin de régler, sur une échelle de » proportion, les différences respectives des branches » relativement à leur force et à leur position. » Il décrit les diverses opérations année par année, en commençant par la première bifurcation, sous l'angle de 45 degrés, à compter de la ligne verticale ou de la tige primordiale de l'arbre, et par l'établissement de deux branches horizontales, chacune sous le point où naissent les deux premières branches. « Il est constant, » suivant lui, que cette inclinaison est la seule qui

» doive être adoptée pour que la sève puisse agir sans
» contrainte ; alors, modérée dans son cours, elle tien-
» dra un juste milieu et se distribuera également des
» deux côtés, au lieu qu'une trop forte ou trop faible
» inclinaison causerait de l'inégalité dans sa circula-
» tion, d'où résulterait infailliblement l'altération de
» quelque partie.. l'équilibre étant le principe qui main-
» tient chaque être dans l'ordre et la vigueur qui lui
» sont propres. Il faudra, dans des deux premières
» pousses, ajoute-t-il, l'établir avec d'autant plus d'at-
» tention, que c'est de là que dépendent la beauté, la
» force, la fécondité de l'arbre d'espalier. » Il donne
ensuite les moyens de parvenir à l'établissement de cet
équilibre. Il admet le pincement comme propre à
éviter la multiplicité des plaies ; « mais, dit-il, il faut
» pincer à propos et dans des temps convenables : alors,
» la sève n'étant plus employée qu'à des objets avanta-
» geux, on parviendrait beaucoup plus tôt à porter
» l'arbre à son degré de perfection. Il recommande
» donc aux amateurs de tirer parti de sa méthode, que
» des essais déjà faits encouragent à suivre, et dont
» l'emploi devra donner de la certitude à ce nouveau
» système. » Et, pour rendre cette même méthode plus
intelligible, il a réduit la forme que doit toujours avoir
l'arbre, perfectionné par l'art, en un plan exactement
et géométriquement symétrique dans toutes ses parties.
La distance de chacun des membres aux branches mères,
et entr'eux, celle de toutes les branches, est assujettie
à un calcul rigoureux, de manière que le mur soit
couvert dans un ordre complètement symétrique. Ainsi,

par exemple, les deux branches mères bifurquées et les deux horizontales, ne doivent pas excéder le carré, et l'arbre sera ainsi conduit, suivant l'auteur, et formé par l'art, mais toujours sans s'écarter de l'ordre de la végétation.

Ce système fut rejeté par A. Thouin et par plusieurs autres écrivains agronomes fort distingués, entr'autres par Du Petit-Thouars, qui croit « que personne n'a été » tenté de mettre en pratique ces bagatelles difficiles. » Il le fut surtout, comme ne traitant pas chaque espèce conformément à sa nature, à celle du terrain, à son âge, etc., etc., mais dirigeant tous les sujets comme s'ils ne différaient pas entr'eux. Quoique rappelé avec d'autres systèmes par l'abbé Rozier, dans son *Cours complet d'agriculture*, ou *Dictionnaire universel d'agriculture*, par une société d'agriculteurs, au mot *Pêcher*, il ne paraît pas avoir eu de nombreux partisans, et ce n'est que tout récemment qu'il a été reproduit comme nouveau, ainsi que nous le verrons bientôt.

La Brousse qui écrivit peu après Pelletier de Frépillon, en 1774, ne traita que du figuier. De 1779 à 1785, parut le bel ouvrage de Hirschfeld, écrit en allemand et traduit par Castillon. Plusieurs articles dus à A. Thouin parurent dans l'*Encyclopédie méthodique*, et ses différents Mémoires sur l'*agriculture*, et sur l'*École d'agriculture pratique*, dont il fut professeur depuis 1806 jusqu'à son décès, sont insérés dans les Annales du Muséum d'Histoire naturelle, ainsi que son Mémoire sur une école d'arbres fruitiers. M. Oscar Leclerc, son neveu, a publié, en 1829, son *Cours de culture et de na-*

turalisation des végétaux, en 3 vol. in-8°. Ses principes sur la taille des arbres fruitiers furent plus particulièrement développés dans ses leçons imprimées parmi les séances de la première école normale, dont il était professeur. Je les rapporterai à l'époque où elles furent publiées.

Mustel, ancien capitaine de dragons, donne un *Traité théorique et pratique de la végétation*, ou *Expériences et démonstrations sur l'économie végétale et la culture des arbres*, Rouen et Paris, 1781-84, 4 vol. in-8°. La physiologie végétale y est bien traitée. Il est un des écrivains agronomes qui ont prétendu que le succès des Montreuillois était plutôt l'effet de la bonté du sol que de celui de la culture, laquelle, à son avis, doit varier en raison des circonstances et des localités, et il pense qu'en suivant la même culture on n'obtiendrait pas de si heureux effets, et qu'on ne doit pas plus proposer de suivre de règle générale pour la conduite des végétaux, que de médecine universelle pour les hommes. Le *Manuel du Jardinier*, de Raudé, a été critiqué par de la Bretonnerie, comme une compilation faite sans choix.

De Combe, dont je viens de parler, fit imprimer aussi l'*Ecole du jardin potager*, 2 vol. in-12; il avait promis l'*Ecole du jardin fruitier*, mais il ne put exécuter son projet. Ce fut De la Bretonnerie qui, en 1784, fit imprimer un ouvrage ayant pour titre l'*Ecole du jardin fruitier*, comme suite de celui de De Combe sur le *potager*, avec même nombre de volumes, et sous même format. De la Bretonnerie avait déjà publié sa correspondance rurale en 3 vol. in-12, et à laquelle il ren-

voie souvent le lecteur dans son *Ecole du jardin fruitier*.
Depuis, il revit les deux nouvelles éditions de la *Maison
rustique*, celles de 1790 et de 1799, 2 vol. in-4° ; et un
des auteurs de l'*Almanach du bon jardinier*, M. Mordant
de Launay donna, en 1808, une nouvelle édition de l'*E-
cole du jardin fruitier*. Cet Almanach avait paru dès 1754.

L'*Ecole du jardin fruitier*, ouvrage justement estimé, est
celui qui convient le mieux aux propriétaires de jardins.
qui veulent, ou s'occuper eux-mêmes du soin de leurs arbres, ou surveiller les jardiniers qui en sont chargés.
C'est l'ouvrage le plus méthodique, le plus clair et le
plus complet qui eût paru jusqu'alors , et il a joui et
jouit encore d'une réputation méritée. Quoique tous
ses principes sur la taille ne soient pas complètement
adoptés aujourd'hui, on ne peut que gagner à lire la
discussion qu'il a établie à cet égard. Ainsi, il blâme De
la Quintinye, qui, au lieu d'adopter la pratique de
Montreuil, déjà supérieure pour la culture et la taille
des arbres fruitiers, en avait adopté une particulière,
à laquelle il reproche quelques erreurs, ainsi que le
défaut d'ordre et de méthode, lui préférant Roger-
Schabol, qui avait adopté celle de Montreuil, « quoi-
» qu'il y eût ajouté quelques singularités qui ont dé-
» crédité son ouvrage. »

Tout en reconnaissant que l'ouvrage de Frépillon
approche du but sur la taille du pêcher, De la Bretonnerie ajoute que l'expérience a appris les inconvénients
de compasser aussi géométriquement cet arbre ; qu'il
arrive que les branches verticales prennent beaucoup trop de force ; et que, pour maintenir l'équilibre

dans l'ensemble, il faut sans cesse tronçonner les arbres, ce qui les fatigue et les détruit. Je dois pourtant
rappeler que, De Frépillon admettant le pincement, rejeté par De la Bretonnerie, le pêcher serait moins tron-
çonné que ce dernier ne le prétend. De la Bretonnerie
ne veut admettre que des principes conformes à la raison, et surtout à l'expérience : il faut, dit-il, aider la
nature sans la contrarier. Il fait plus de cas d'une pratique saine et non aveugle, que de la théorie ; et cette
pratique, il sait que les livres seuls ne l'apprennent pas.
Il avoue avoir fait usage des bons conseils de La Berriays,
mais en même temps il regrette que cet auteur recommandable ait conservé une partie des erreurs de De la
Quintinye. Il regarde l'ouvrage paru sous le nom de la
Société économique de Berne, dont il a été fait mention
plus haut, comme ne pouvant produire qu'un apprenti
maladroit ; il se plaint de ce qu'on y borne trop le nombre des pêches qu'on doit laisser sur les arbres ; et il assure qu'en 1781, un pêcher en cours de rétablissement,
ayant 32 pieds de largeur, sans être au bout de sa crue,
lui a donné 400 belles pêches, après en avoir retranché
la moitié ; qu'un autre, bien rétabli, lui en a donné 800,
après la suppression des moins belles ; que chez différentes personnes, des pêchers de 40 à 50 pieds de large,
portent un millier de beaux fruits, et qu'un pêcher
bien taillé peut durer un siècle, au lieu de 20 à 25 ans,
quand il est mal taillé.

La Bretonnerie s'est occupé de la culture toute sa
vie, mais par goût, plus particulièrement de celle des
jardins ; et plus exercé, comme il le dit lui-même, à

manier la serpette que la plume, il rejette la forme en
éventail, l'usage de pincer, rompre ou casser ; et pour
le surplus, son système est à peu près celui de Montreuil. Il suit, comme ceux qui l'ont précédé, la taille
successive des six premières années, en recommandant
de ne jamais perdre de vue les deux branches mères,
comme portant tout l'édifice de l'arbre, qu'il engage à
étendre à 40 et 50 pieds, si on le peut. Il veut que l'on
n'ouvre le V que peu à peu, et qu'on ne laisse jamais
aucune branche verticale. Mais son grand principe,
bien développé, par A. Thouin qui l'a adopté, et en a
recommandé l'observation dans tous les cas où il peut
être exécuté, c'est la *taille du fort au faible* ; entre le
fort et le faible de chaque branche, c'est-à-dire l'endroit même où chaque branche commence à diminuer
de force ou de grosseur, parce que là est le point où la
sève commence à perdre de sa vigueur. Enfin, De la
Bretonnerie forma, le premier, je crois, le vœu qu'il
fût établi une école publique de jardinage.

Très-peu de temps après la publication de la première édition de l'*École du jardinier fruitier* de De la
Bretonnerie, et en 1785, parut une traduction du *Dictionnaire des jardiniers*, de Miller, en 10 vol. in-4°,
dont M. De Chaselles, président au parlement de Metz,
était un des principaux traducteurs. Cette édition est
faite sur la huitième édition de l'ouvrage de Miller,
jardinier de la compagnie des apothicaires, à Clelsea,
et membre de l'Académie botanique de Florence. Son
père était jardinier des pharmaciens de Londres. La
première édition de son *Dictionnaire des Jardiniers* est

de 1731, in-f°, et la huitième est la dernière qui ait été imprimée de son vivant. C'est au tome 7 de cette traduction qu'est l'article sur la taille en général ; et, pour l'application des principes généraux qu'on trouve à peu près dans tous les auteurs, il renvoie à l'article particulier à chaque espèce d'arbre ; ainsi, au mot *Pêcher*, il recommande « que chaque partie de l'arbre
» soit également fournie de bois à fruit, et que ses
» branches ne soient pas trop rapprochées ; que la taille
» soit telle, qu'il pousse chaque année de nouvelles
» branches à fruit, et surtout qu'on diminue la fré-
» quence de la taille. Il donne aux pêchers une durée
» de plus de 60 ans, et dit qu'en France ils ne durent
» guère plus de 20 ans, parce qu'on les greffe sur aman-
» dier, usage rarement suivi en Angleterre, où l'on
» aurait grand tort de prendre en aucune manière
» cette nation pour modèle, puisque leurs docteurs en
» l'art du jardinage sont au moins d'un siècle plus
» jeunes que les anglais, et qu'ils ne paraissent point,
» à présent, disposés à vouloir les atteindre, car ils s'é-
» cartent de la nature dans presque toutes les opéra-
» tions du jardinage : ils aiment mieux introduire leurs
» petites inventions pour émonder et tailler leurs arbres
» fruitiers suivant leurs fantaisies, que de puiser leurs
» instructions dans la nature même, qui seule doit
» nous servir de guide. » Tout en blâmant quelques auteurs français, il n'en recommande pas moins l'observation de certaines pratiques des jardiniers de Montreuil, près Paris, qui « depuis plusieurs générations

» se sont rendus célèbres par la culture des pêchers. »
Il est partisan du pincement.

Il y a une autre édition de cette traduction sous la
date de 1786, en 8 vol. in-8°, sans le supplément ;
enfin, Miller était écossais, et avait reçu le nom de
Princeps hortulanorum, le PRINCE DES JARDINIERS. Linné
disait, avec quelque raison, de son livre, que ce serait
le Dictionnaire des botanistes plutôt que celui des jardiniers.

On trouve dans le *Cours complet d'agriculture théorique
et pratique, etc.*, ou *Dictionnaire universel d'agriculture par
une société d'agriculteurs, et rédigé par l'abbé Rozier*,
publié en 1786 en 12 vol. in-4° au mot *pêcher*, un petit
traité sur cet arbre ; il est composé de 10 chapitres
dont le 6° concerne la taille et sa conduite. Il commence
par la méthode de De la Quintinye qui est rejetée, et à qui
l'on reproche de n'avoir pas distingué convenablement
la taille du pêcher de celle des autres arbres ; puis on y
expose celle de Roger Schabol qu'on admet complètement, et qu'on se borne à copier, même la partie où
ce célèbre agronome énumère les diverses opérations
nécessaires au maintien des arbres, et qu'il assimile à
celles de la médecine et de la chirurgie, telles que la diète
et l'abstinence, les saignées, le cautère, la scarification,
les cataplasmes, les éclisses, les bandages et les ligatures.
Puis, en rapportant le système de la *société d'amateurs*
(de Frépillon) avec les figures à l'appui, on attaque
surtout ses quatre branches principales. Dans une
*Nouvelle édition de ce dictionnaire ou Nouveau cours
complet d'agriculture sur le même plan*, et dont il va

bientôt être fait mention, on a suivi le même système, mais avec quelque amélioration.

Un petit écrit imprimé en 1792-93, dont on a donné une 3e édition très-augmentée et avec un nouveau titre en 1811, 2 vol. in-8°, et dont le titre primitif était *Catalogue raisonné d'après les meilleurs principes économiques, les découvertes et les connaissances agricoles du citoyen Tatin,* marchand grainier-fleuriste, 1 vol. p. in-8°, entr'autres observations intéressantes, contient un article intitulé *De la plantation et de la taille des arbres fruitiers à la manière de Montreuil, village près de Paris.* On y lit que le V est la forme que tout arbre doit avoir en espalier, et qu'il doit être traité de manière que chaque côté du V, formé par les deux branches principales, soit comme une main appliquée à un mur ; qu'on donne à ces arbres une forme carrée, et qu'on les rejoint de haut en bas.

La feuille du cultivateur des 19 et 22 août 1792 in-4, contient dans ces deux numéros, sous le nom d'*Essai sur la culture des arbres fruitiers,* par M. Gallet, quelques observations sur leur taille, mais pour la plupart peu applicables. Comme si l'on n'avait pas taillé les arbres fruitiers avant De la Quintinye, cet auteur dit : «Que, lorsque
» parut De la Quintinye, les arbres ne végétèrent plus en
» liberté ; qu'il leur prescrivit un régime ; que la nature
» ne fut plus livrée à elle-même, et que l'art s'attribua
» le droit d'en diriger les opérations... que, depuis,
» tout jardinier crut en savoir les règles sans les avoir
» apprises. Qu'après lui, l'abbé Schabol introduisit un
» nouveau système, résultat de principes physiques et
» d'une profonde connaissance de la théorie de la végé-

» tation qui prouvent que cet habile observateur avait
» surpris adroitement le secret de la nature... Que
» d'autres, parmi les rêves d'une imagination exercée
» dans le silence du cabinet, ont projeté de soumettre
» à une échelle de proportion la taille des arbres, celle
» du pêcher surtout, le plus difficile à gouverner. »
« La symétrie sans doute, ajoute-t-il, produit un
» effet admirable : La nature nous la présente dans une
» infinité des ses productions ; vouloir l'assujettir in-
» variablement à l'équerre et au compas n'est-ce pas
» chercher à la faire disparaître ; et il termine en
» disant qu'il n'a point entrepris de donner un traité,
» mais qu'il a plutôt essayé de donner quelques notions
» générales sur cette partie précieuse de l'économie
» rurale. »

Jusque là nous ne trouvons point de livre élémentaire
sur la taille des arbres, qui soit de nature, par sa forme
et par sa brièveté, à être mis avec fruit entre les mains
de la plupart des jardiniers, et surtout de leurs élèves.
Tous sont trop volumineux et trop chers, pour qu'ils
puissent les lire et en profiter. D'ailleurs il y avait
encore quelque dissidence sur certains principes, sur
certaines opérations. La taille en éventail était bien
admise, mais elle se divisait, suivant les deux écoles
principales, celle de De la Quintinye avec ses branches
partant en rayon d'un centre commun, et celle de Montreuil, avec ses deux branches-mères en V plus ou moins
ouvert. On était partagé sur l'utilité du pincement, et
sur d'autres points importants qui ne sont pas même
encore aujourd'hui tellement résolus que tous les jardi-

niers aient adopté un mode uniforme, et pour les pêchers surtout.

L'utilité, la nécessité même de prendre un parti décisif sur toutes ces questions, mais par dessus tout, le besoin d'un livre élémentaire, clair, fort court, et d'un prix très-modique, furent particulièrement sentis par le Baron de Butret. Après avoir fait de très-brillantes études, ce célèbre agronome, entraîné par le goût le plus vif pour l'agriculture, et surtout pour le jardinage, renonça aux avantages de sa naissance en faveur de son frère puîné, et se livra tout entier à la culture des arbres fruitiers. Voulant joindre la pratique à la théorie que les livres lui avaient enseignée, il alla à Montreuil, prit la serpette et travailla absolument comme jardinier, sous la direction de Pépin, l'un des meilleurs jardiniers et l'un des propriétaires les plus distingués de Montreuil ; à l'école d'un tel maître, et occupé exclusivement de la culture des arbres fruitiers, il devint lui-même un des plus habiles jardiniers. Ce n'était pas uniquement en vue de son intérêt personnel qu'il avait étudié l'art du jardinage, et qu'il s'était résigné à mener la vie laborieuse des habitants de Montreuil : il avait le dessein d'établir, dans les environs de Strasbourg, une école pratique d'horticulture. Déjà il avait garni d'espaliers 1500 toises de mur d'un jardin de 20 arpents, dont 8 en verger, et planté 2500 arbres. Il allait compléter sa collection nombreuse en chaque genre et espèce, et le succès de son école lui paraissait assuré, quand la révolution française vint déranger ses plans, détruire ses espérances. « Lorsque la guerre, dit-il, est venue

» m'enlever mes jardins et mettre fin à mes travaux. »
Obligé de quitter ses jardins, il resta le plus près qu'il
put de la France : il se réfugia chez l'électeur Pa-
latin, Margrave de Bade. Ce prince lui confia la direction de ses jardins qui, par ses soins, devinrent les
plus beaux de l'Allemagne. Depuis il a été secrétaire
de la Société d'Agriculture de Strasbourg. Il semblerait
que, n'ayant pu doter sa patrie d'un établissement qui
n'aurait eu de rival qu'à Paris, il ait eu l'intention qu'au
moins le fruit de 50 ans de travaux et de méditations
ne fût pas tout-à-fait perdu, en publiant, le plutôt
qu'il lui a été possible, en 1793 (peut-être n'est-il pas
inutile de faire remarquer cette date), un ouvrage qui
contient, outre le résultat général de ses observations
et de son expérience, les détails essentiels de la taille,
des arbres fruitiers, telle que la pratiquaient alors les
meilleurs jardiniers de Montreuil.

Il regardait avec raison cette pratique comme le résultat de l'expérience, fondée elle-même sur un système d'opérations bien combinées, et l'art de la direction des arbres fruitiers, telle qu'elle était en usage
parmi eux, non comme une pratique grossière et ignorante, ainsi qu'on a cherché à le faire croire depuis, et
même encore aujourd'hui, mais comme fondée sur les
véritables principes de la science des végétaux, et de
leur fructification. On y voit qu'ils savaient aussi parfaitement modifier ces mêmes principes, suivant l'âge
et la vigueur des arbres, et la nature de chacun d'eux ;
ce qui a fait penser, à des observateurs prévenus et
superficiels, que les jardiniers de Montreuil taillaient

sans principes, et comme des machines à serpette, parce qu'ils ne voyaient pas toujours les mêmes opérations avoir lieu sur deux arbres du même genre, égaux en âge et en force, mais appartenant à des espèces différentes ; les Montreuillois modifiant leur taille d'après une étude particulière de l'espèce, et souvent même de l'individu. Aussi, au titre de *Taille raisonnée des arbres fruitiers* que porte le livre du C^n Butret, il a ajouté, *et autres opérations relatives à cette culture, démontrées par des raisons physiques tirées de leur différente nature, et de leur manière de végéter et de fructifier.* Cet ouvrage n'est qu'un très-petit vol. in-8° jusqu'à la 16° édition, et in-12 à la 17°, imprimée en 1832, et de nouveau in-8° à la 18°, publiée en 1840 : il y a été fait, par les éditeurs, quelques légères additions restées scrupuleusement distinctes du texte.

Ce petit ouvrage contient à peine 60 pages sur la taille de tous les arbres fruitiers, dont 35 seulement employées sur la taille en général, et 25 sur celle du pêcher. Après y avoir indiqué le mode différent de fructification *des arbres à pépins* et *des arbres à noyaux*, son auteur montre l'ordre à suivre pour la taille. C'est celui de la différente apparition de la sève ; « ordre qui est, comme il » le dit, celui de la nature, et non celui de la routine » aveugle et ignorante. »

Il commence par la taille du pêcher ; pose deux principes essentiels : le premier, que tout bouton à fleurs qui n'est pas accompagné d'un œil à bois, est stérile ; le deuxième, que les branches à fruit, dont il distingue quatre espèces, n'en donnent plus quand elles en ont une

fois rapporté, ce qui nécessite leur renouvellement an-
nuel. Il adopte la forme de deux branches-mères qui
doivent toujours dominer sur toutes les autres branches, faire entr'elles, à leur origine, un angle de 90°,
et sur lesquelles doivent être distribuées les autres
branches ou membres supérieurs et inférieurs. On taille
ordinairement du fort au faible ; et en 5 ans, l'arbre
doit couvrir un espace de 30 pieds sur des murs de 10
ou 12 pieds d'élévation. Puis viennent les opérations
à faire pendant ces 5 ans. Mais il déclare « que tous les
» sujets ne se prêtent pas facilement à cette forme ré-
» gulière et nécessaire pour former un bel arbre ; qu'il
» en est qu'on amène difficilement à une aussi belle
» forme ; » quand ils s'en écartent, il indique quelques
moyens pour y remédier. Il passe ensuite à l'ébourgeonnement, au palissage, et enfin au REMPLACEMENT,
opération essentielle qu'il faut répéter tous les ans. Il
ne la dit pratiquée qu'à Montreuil ; il est certain pourtant qu'elle est indiquée par beaucoup d'auteurs ; mais
de tous ceux qui en ont parlé, le Cⁿ Butret est celui
qui, au jugement d'André Thouin, l'a décrite le mieux.
Il enseigne ensuite la taille des autres *arbres à noyau*,
puis celle des *arbres à pépin*, suivant les différentes
formes qu'on veut leur donner. Il termine en émettant
le vœu qu'on étende, dans le Jardin des Plantes de Paris, la petite plantation d'arbres fruitiers déjà dirigée
par les soins des deux frères Thouin ; et qu'on emploie
8 à 10 arpents avec des murs, pour en rassembler les
différentes espèces.

Au reste, le plus bel éloge que l'on puisse faire de cet ouvrage, c'est de rapporter l'opinion du célèbre A. Thouin: « Ce traité raisonné est, dit-il, un petit ouvrage que » les personnes qui s'occupent de la taille ne sauraient » trop consulter, et qui devrait être le *vade mecum* de » tous les cultivateurs d'arbres fruitiers. » A ce témoignage si flatteur de l'homme le plus capable d'en juger, on peut joindre celui de Bosc, qui dit « que l'on doit » à Butret le meilleur traité-pratique de la taille qui » ait encore été publié. » Et, au mot *Taille*, dans *l'abrégé du Dictionnaire d'agriculture* de l'abbé Rozier, *ou Nouveau cours d'agriculture*, etc., Déterville, t. 13, le même professeur d'agronomie assure « qu'il ne peut » mieux faire que de transcrire le texte même de Bu» tret, qui contient la méthode de Montreuil. » Ajoutons-y celui d'Aubert du Petit-Thouars : « que Butret » est le seul qui, depuis Roger-Schabol, ait fait un » ouvrage vraiment original. » Et enfin, disons qu'outre ses dix-huit éditions, le libraire Marchant se plaignait, dans la dixième, des contrefaçons qui se répandaient ; et qu'à cette même époque dix éditions en allemand étaient déjà épuisées. Ce qui est certain, c'est qu'à peine trouverait-on, aujourd'hui même, plus de 3 à 4 pages, soit à y ajouter, soit à y changer, pour mettre sa pratique à l'abri de toute critique, si minutieuse qu'elle pût être.

A cet ouvrage qui termine la série des écrits sur la taille des arbres fruitiers, publiés pendant le cours du dix-huitième siècle, succéda celui d'André Thouin, faisant partie des leçons qu'il donna comme professeur d'agriculture à cette célèbre école normale, dont tous les professeurs étaient les savants les plus distingués de l'époque, dans toutes les parties de l'enseignement qu'on y donnait. La réunion des leçons d'A. Thouin, alors jardinier en chef du Jardin des Plantes, dont son père avait eu aussi la direction, forme un *Traité complet d'agriculture*. Celles où il développe ses principes sur la taille des arbres fruitiers composent une division presque entière de la seconde partie de l'agriculture. Elles ont été imprimées en l'an ix (1801), deuxième édition des séances de l'école normale, tome 9, p. 311 et suivantes. Cet ouvrage, refondu et considérablement augmenté, a paru depuis sous le titre de *Cours de culture et de naturalisation des végétaux*, publié par M. Oscar Leclerc, neveu de Thouin, en 1829, 3 vol. in-8°, avec Atlas in-4°. Ce que je vais rapporter d'A. Thouin est tiré du texte même des leçons de l'école normale, et de l'article *Arbre* du Nouveau dictionnaire d'histoire naturelle appliquée aux arts, etc., Déterville, 1816.

Dans ces écrits Thouin fait observer « que, les diffé-
» rentes espèces d'arbres ayant chacune leur manière
» d'être particulière et leurs habitudes, ne doivent pas
» être soumises à la même sorte de taille, non plus que
» toutes les branches du même individu : que les
» mêmes espèces et variétés d'arbres, en raison de leur
» âge, exigent des traitements différents ; que la na-
» ture du terrain, ainsi que la différence de tempéra-

» ture annuelle, et l'état de leur santé , occasionnent
» aussi des variations dans les procédés de la taille des
» individus de même variété et de même âge ; qu'en-
» fin les mêmes arbres, sous la même latitude , à la
» même exposition, dans la même nature de terre égale-
» ment humectée, exigent chaque année des variations
» dans les procédés de la taille ; et il n'en déplore pas
» moins, qu'à raison de la différence de préceptes, de
» routine, de manières, d'usages, (il aurait pu ajouter,
» comme Miller, de FANTAISIES), on ne trouve pas, dans
» le même lieu, deux cultivateurs d'accord sur ces pro-
» cédés. » Regardant la culture de Montreuil « comme
» fondée sur les bases d'une saine physique végétale ,
» elle se réduit, suivant lui, à quatre principes qu'il
» adopte : 1° suppression de tout canal direct de la
» sève ; 2° établissement de deux mères-branches en V,
» sous l'angle de 45° ; 3° maintien de l'équilibre et des
» proportions des branches dans les deux côtés ou ailes
» de l'arbre ; 4° enfin la taille du fort au faible qui a
» lieu où finit la pousse du printemps, et où commence
» la pousse d'automne : point bien visible seulement
» dans quelques cas , mais qu'on peut toujours sup-
» poser dans la pratique. »

Il réduit aussi toutes les formes employées dans la
culture du pêcher, à quatre principales : « 1° celle en
» éventail, la plus ancienne ; c'est celle de De la
» Quintinye , à peu près abandonnée aujourd'hui ;
» 2° celle en palmette ou à branches horizontales ;
» 3° celle en V ouvert à 45°, qui est celle de Montreuil ;

» et la 4ᵉ et dernière, celle en candélabre, proposée par
» quelques amateurs. »

Il parle de la grande importance du palissage pour
la direction des branches. Il indique les opérations des
trois premières tailles, et comment la troisième donne
les branches-crochets; il déclare aussi que l'industrie
du jardinier consiste à ménager et à faire croître annuellement des branches-crochets sur toutes les parties
des arbres; c'est le *remplacement*, très-belle opération
qu'il décrit, « mais fort peu commune, attendu qu'elle
» ne se pratique qu'à Montreuil, et seulement sur le
» pêcher. » Mais il ne veut pas « que, pour satisfaire
» une symétrie mal entendue, on taille toutes les bran-
» ches à la même hauteur, ce qui occasionne un désor--
» dre dans la taille, qui nuit à la bonne organisation des
» arbres. » Il admet l'alternat pour la formation des
branches ascendantes et descendantes, et les porte à
quatre. Pour éviter la bifurcation de la première taille,
il conseille de greffer les deux côtés du sujet, et son
conseil a été suivi depuis presque partout. Il admet,
pour différentes espèces d'arbres en plein vent, la forme
pyramidale à quatre angles, ce qui leur donne une
forme carrée « qu'il dit avoir été autrefois fort en
» usage, et restée en Batavie et en Allemagne. »

Presque en même temps que A. Thouin enseignait
d'une manière si brillante la science de l'agriculture,
et la partie de cette science relative à la méthode la
plus avantageuse d'opérer la taille des arbres fruitiers,
pour qu'ils puissent réunir l'utile à l'agréable, un jardinier ouvrait à l'une des extrémités de Paris, rue d'En-

fer, près du boulevard du Mont-Parnasse, une école théorique et pratique du jardinage, principalement pour la taille des arbres à fruits, et surtout du pêcher. Ce cours de M. Léonor Lemoine fut d'abord en 13 puis en 28 leçons. Il le fit imprimer sous le titre de *Cours de culture des arbres à fruits et de la vigne des jardins,* 1801. Une seconde édition parut en 1804, avec le titre de *Cours complet sur la taille du pêcher et autres arbres à fruits..... la manière de les conduire en espalier,* etc., 1 vol. in-12, et une troisième édition a eu lieu en 1828. Il commence par les principes; puis il passe à leur application. Ses principes sont bons; il suit généralement la méthode de Montreuil, quant à la direction des branches. Sur la question de savoir à quelle longueur il convient de tailler sur chaque espèce de branche, il dit que De la Bretonnerie l'a fixée d'une manière claire et positive, en recommandant la taille du fort au faible substituée au vague des autres auteurs; » qu'il avait l'intention de la proposer à ses élèves, » comme l'avait fait Butret, mais qu'il y a trouvé en— » core de l'incertitude, surtout pour le pêcher, dont » on ne voit que peu le fort au faible. » Il a en consé- quence proposé, par approximation pourtant, une mesure déterminée, suivant la force des branches, mesure qui varie du tiers au cinquième de leur longueur, suivant telle ou telle proportion de cette même longueur. Il admet jusqu'à six membres supé- rieurs et inférieurs. Il regarde comme certain le signe indiqué par De la Bretonnerie pour connaître quand la sève est arrêtée; c'est lorsqu'il s'est formé un bouton

fort arrondi à l'extrémité de toutes les branches termi-
nées pendant la sève par deux petites feuilles très-dis-
tinctes. Cet ouvrage est clair, peu volumineux et d'un
prix assez bas.

Vers cette même époque parut un ouvrage de W.
Forsyth, jardinier du roi d'Angleterre. Il est traduit de
l'anglais par J. P. Pictet-Mallet de Genève qui y a ajouté
des notes. C'est le *Traité de la culture des arbres fruitiers,
contenant une nouvelle manière de les tailler*, etc. 1802.
in-8°. Une deuxième édition est datée de 1805. in-8° ;
Le traducteur n'a pas suivi l'ordre tenu par son auteur,
et n'a pas cru devoir tout traduire ; ainsi ce n'est presque qu'une sorte d'abrégé ; on ne trouve rien de nouveau
dans ce traité, malgré l'apparence de quelque prétention
de la part de l'auteur. On avait déjà, fort longtemps
auparavant, fait en France l'essai des différents modes
de taille et des différentes formes d'arbres proposés
par l'auteur, ou figurés dans les planches qui accompagnent ce traité. On les retrouve surtout dans le petit
ouvrage d'Arnauld d'Andilly, dont nous avons parlé.
Forsyth indique quand il faut étêter l'arbre, » afin de
» lui faire produire de chaque côté de la tige un nombre
» égal de pousses . . . et comment on doit conduire
» horizontalement ces jets latéraux dont on proportion-
« nera le nombre à la force et à la nature du sujet . . .
et il ajoute : » Je recommanderai toujours de conduire
» les branches aussi horizontalement que possible, ce
» qui arrêtera la crue de la pousse, et rendra le bois
» plus beau et propre à rapporter l'année suivante. »
Il fait grand usage du pincement.

On ne sait pas trop pourquoi quelques auteurs français ont appelé *forme à la Forsyth* la forme qui résulte de cette direction des arbres à fruits, et désignée par A. Thouin sous le nom de *Palmette ou à branches horizontales*. Forsyth a publié aussi la recette d'une composition pour la guérison des plaies des arbres. Cette recette a reçu la sanction du parlement d'Angleterre ; elle se trouve dans son traité, et on l'avait déjà publiée à Paris en 1791 in-8°. Les compositions en usage en France, ne lui sont pas du tout inférieures, et l'onguent dit *de saint Fiacre* n'en a rien perdu de sa renommée ; on a fini par le préférer presque partout. On peut dire que, si la lecture du traité de Forsyth n'est pas sans quelque intérêt, cet intérêt est pourtant au-dessous de la réputation qu'il a obtenue, et qu'il a due au nom et au talent de son traducteur.

Nous devons à l'abbé Calvel, qui a été le principal rédacteur de la *Feuille du cultivateur*, plusieurs écrits intéressants, tels que ses petits traités — *Des arbres à fruits pyramidaux vulgairement appelés* Quenouilles, 1803 in-12° — *Recherches et expériences sur les moyens pratiques d'accélérer la fructification des arbres*, 1811, 8°, etc. Mais son ouvrage le plus important est son *Traité complet sur les pépinières* dont la première édition est de 1803, et la deuxième augmentée d'un catalogue d'arbres, de 1805, 3 volumes in-12°. où, en faisant quelques observations sur le pêcher, il dit, avec vérité, « qu'aban- » donné à lui-même, cet arbre ne s'élève qu'à une » médiocre grandeur, et qu'il dure peu ; qu'à raison » de sa nature, il lui faut une culture particulière ; que

» jusqu'ici la connaissance de cette culture ne s'est pas
» beaucoup répandue, et qu'elle a besoin d'être encore
» méditée, » ce qui sans doute l'a déterminé à ne pas
en dire davantage.

Entr'autres articles relatifs à la conduite des arbres
fruitiers, et qu'on lit dans *la Bibliothèque des propriétaires
ruraux, ou Journal d'économie rurale et domestique, par
une société de savants et de propriétaires*, première année
t. 2, second trimestre, Messidor, Fructidor, Thermi-
dor an **XI** (1803), in-8°, on en trouve un sur l'ébourgeonnement, où il est dit qu'on ne l'étudie pas assez,
et un sur les branches appelées *gourmandes*. C'est un
dialogue entre un propriétaire et son jardinier. Ce dialogue contient le germe d'un système d'exclusion de toute
taille. Nous allons en parler tout-à-l'heure. « Le jardi-
» nier: —Voyez-vous ce pêcher? presque tous ses sous-
» membres ont été des gourmands que j'ai domptés ;
» et il n'en est pas moins chargé de fruits. Je sais bien
» qu'en couchant ainsi ces gourmands, l'arbre offrira
» d'abord, pour le coup d'œil, un peu de confusion qui
» se prolongera quelque temps ; *mais mieux vaut profit
» que gloire* ; et si je les coupais, je ferais comme vous
» disiez en jouant sur votre théâtre : *Coupez-vous ce
» bras, arrachez-vous cet œil, pour faire profiter l'autre.* »
Avant que de présenter le système indiqué d'avance
par cette boutade où l'on assimile à des charlatans ceux
qui coupent une branche pour qu'une autre profite, je
dois dire quelque chose de *l'Ami des jardiniers, ou Instruction méthodique à la portée des amateurs et jardiniers
de profession sur tout ce qui concerne les jardins fruitiers*

et potagers etc., 2 volumes in-8°, an XII (1804), par M. l'abbé P. G. Poinsot. Cet ouvrage, le fruit de trente années d'expérience, est assez élémentaire, mais beaucoup trop long. Il ne contient rien de nouveau sur la taille ; et, suivant l'auteur, il n'y a qu'une bonne manière de tailler, mais qui varie en raison des espèces, de l'étendue des arbres, etc. Sa méthode y est assez bien exposée pour être facilement comprise ; c'est, pour le pêcher, la méthode de Montreuil qu'il fait tendre au carré, sans pourtant s'astreindre à une distribution de branches tout-à-fait géométrique. Il dit pourquoi et en quoi la taille du pêcher diffère de celle des autres arbres fruitiers. Dans la même année parut aussi l'ouvrage de M. L. P. Dubois, *Du pommier, du poirier, et du cormier, considérés dans leur histoire, leur physiologie*, etc. 2 volumes in-12°. Cet ouvrage contient quelques vues utiles, et son auteur a été le principal rédacteur du *Cours complet et simplifié d'agriculture, et de l'économie rurale et domestique*, etc., imprimé en six volumes in-12°, 1824.

Mais bientôt la taille raisonnée de Butret, ainsi que toute la méthode de tailler les arbres fruitiers, soit d'après Bonnefonds, Arnauld d'Andilly, Dom Legentil, et De la Quintinye ; soit d'après Roger Schabol, Duhamel, Le Berriays, la Bretonnerie et tous autres, soit enfin même d'après A. Thouin et les jardiniers de Montreuil, fut proscrite par un agronome auquel l'économie rurale et domestique a de grandes obligations, et dont la vie presque entière a été consacrée à des recherches utiles à tous ses concitoyens, mais surtout aux classes laborieuses les moins aisées, Cadet-Devaux, dans un opuscule qui a pour titre : *De la restauration et du gouvernement des arbres à fruits mutilés et dégradés par la succession annuelle de l'ébourgeonnement et de la taille, etc.* publié en 1807, in-8°. Ce titre indique assez que le système de Cadet-Devaux consiste dans la suppression de la taille, aux opérations de laquelle il substitue ce qu'il appelle « l'art nouveau de la direction horizontale » et arquée des branches des arbres à fruits. » Il veut abolir la dénomination même de *taille des arbres*; et qu'au lieu de ces expressions, on dise désormais *le gouvernement des arbres.* Suivant lui, » l'ébourgeonnement » et la taille sont le plus grand abus du régime qui » convient aux arbres ; aussi ne rencontre-t-on dans » les jardins que des arbres mutilés, dégradés, décré- » pits, etc., etc. » Il dit au jardinier :

— Quitte-moi ta serpette, instrument de dommage. —

C'est la nature qu'il veut prendre pour modèle, et l'arbre de la nature n'est, ni un éventail, ni un V formant un angle plus ou moins ouvert, résultant de deux branches écartées dont on recepe les extrémités. Il permet seulement de couper les branches que la nature indique devoir être coupées, par le dépérissement auquel elle les abandonne. Dans l'arbre livré à lui-même, point d'ébourgeonnement, point de retranchement des gourmands : l'arqûre seule suffit pour les convertir en branches à fruit. Il faut diriger horizontalement les mères-branches pour obtenir de chaque œil, soit des boutons à fruits, soit des lambourdes. Son système consiste donc à ne point tailler, et à substituer l'arqûre des branches à la taille ; et il regarde ses principes comme applicables à tous les arbres fruitiers, quelles qu'en soient l'espèce et la forme. Il n'admet pas qu'il existe un art de la taille.

Il raconte que voulant parfaitement connaître l'art de la taille du pêcher, il s'était transporté à Montreuil avec plusieurs membres de la Société d'agriculture de Paris, formant une commission nommée par cette Société, et dont faisaient partie Vilmorin et Cels : que s'étant réunis chez Pépin, alors plus qu'octogénaire, pour l'entendre, et écrire ce qu'il leur révélerait de son art, désirant tous qu'il n'emportât pas dans la tombe son siècle d'expérience : que n'ayant rien appris pendant plusieurs séances, et malgré toute la bonne volonté de ce vénérable vieillard qui s'empressait de répondre à toutes leurs questions, frustré avec la commission, de toute espérance, il reconnut que cet art qu'il croyait fixé ne l'était pas ; que, sans principes bien arrêtés, on ne pouvait tracer de règles à suivre, ce qui expliquerait la variation de tous les auteurs.

Mais Cadet-Devaux qui veut que, pour leur gouvernement, les arbres soient presque entièrement abandonnés à eux-mêmes et à la direction presque exclusive de la nature, n'a pas remarqué que nos arbres fruitiers, la plupart hors de leur climat naturel, sont, de plus, tous hors de l'état de nature par la greffe ; qu'ainsi ce n'est plus l'arbre de la nature que nous cultivons ; que l'art s'en est emparé pour lui procurer un mode d'existence que la nature ne lui a pas donné. Que delà il suit que l'art a le droit, et que c'est aussi pour lui un devoir, de diriger ses élèves non en conséquence de leur nature première et sauvage, mais ainsi que l'exige leur nature artificielle. L'homme de nos climats, pour leur donner l'existence auprès de lui, les a fait sortir de l'état naturel ; ils sont donc, par cet état même extra-naturel, dans des conditions autres que celles imposées par la nature à chacun des êtres au développement desquels elle préside exclusivement.

L'auteur de la *Restauration des arbres à fruit* se permet quelques plaisanteries sur cette suite d'espaliers présentant tous également une forme aplatie, et tous aussi bien dressés et unis que l'aurait pu faire la varlope d'un menuisier, et qui enfin ressemblent à une étoffe verte bien tendue sur un cadre. Il assimile les branches sur lesquelles le lieu de chaque taille annuelle est toujours visible, c'est-à-dire chaque section de branches, à un tuyau de poêle, composé de plus ou moins de bouts symétriquement enchassés les uns dans les autres. Enfin il reproche à la taille l'existence des chicots, des crochets, des moignons, des plaies de toute espèce qui déforment les arbres taillés, confondant en cela les mauvaises tailles avec les bonnes.

Mais, outre les considérations ci-dessus, et qui suffisent pour faire écarter l'admission complète de ce système, il en est une qui les domine toutes relativement à plusieurs genres d'arbres, et au pêcher en particulier ; c'est que cet arbre abandonné à lui-même, en plein vent, comme en espalier, et s'il n'est pas dirigé dans sa croissance, par une taille raisonnée, ne vit que très-peu d'années ; et qu'au contraire on a vu des pêchers séculaires taillés, et en espalier, produire encore et présenter un aspect, lequel indiquait à la vérité leur vieillesse ; mais ils n'auraient pu vivre le quart du temps qu'ils ont vécu, ni produire le vingtième, et peut être pas même le centième de ce qu'ils ont produit, s'ils avaient été abandonnés à la nature. L'industrie de l'homme, l'art de la taille, est donc pour cet arbre un moyen de conservation tout à la fois et de production ; un moyen par l'emploi duquel sa vie est prolongée bien au delà du terme fixé par la nature, au moins dans notre climat. Ce système a donc dû être abandonné, mais il a servi à faire examiner avec plus de soin dans quels cas la taille est réellement utile et absolument nécessaire. Il a appris à y suppléer, quand on le peut. La courbure des branches, connue depuis longtemps, a été pratiquée beaucoup plus qu'elle ne l'était avant lui, au grand avantage d'une production très-augmentée par ce moyen. Enfin la serpette a produit moins d'ergots, de chicots, de moignons, d'ulcères, d'onglets, de chancres, de bourrelets, de loupes, de talons et de tronçons que Cadet-Devaux n'en reprochait à son emploi pour la taille complète, telle qu'il la voyait pratiquer encore sous ses yeux, par le plus grand nombre des jardiniers.

Cette attaque dirigée contre la taille, ce procès fait en 1807 à tous les jardiniers à serpette, n'ayant pas eu le succès que son auteur s'en était promis, son système, a été tellement abandonné que, de ceux qui ont écrit depuis sur la taille des arbres fruitiers, aucun non seulement n'en a tenu compte, mais presque tous ceux qui en ont fait mention n'en ont parlé que pour le condamner. Mais cela n'a pas empêché les écrivains agronomes de bâtir encore de nouveaux systèmes, ou de s'approprier, en les modifiant un peu, ceux parus jusqu'ici, car à peu près en même temps parut l'ouvrage de M. Fanon qui a imaginé une forme particulière consistant principalement en deux branches horizontales qu'on ne taille pas et en deux verticales qui forment un double montant assez rapproché, et raccourcies chaque année pour leur faire jeter des rameaux horizontaux légèrement arqués. Quand ces deux montants ont atteint le haut du mur, on les croise, en les greffant par approche, et on ne les taille plus. M. Fanon regarde cette direction des arbres comme pouvant mieux et plus promptement qu'aucune autre, mettre à fruit les poiriers et les pommiers. Cet ouvrage a pour titre : *Des arbres à fruits, et nouvelle méthode d'affruiter le pommier et le poirier*, 1807. Il a été discuté et commenté par Calvel.

Mordant de Launai, auteur du *Bon jardinier*, en parlant des arbres fruitiers, écrivait dans l'almanach de 1808 : « C'est à Montreuil qu'il faut aller étudier la cul-
» ture du pêcher et sa taille, que des préceptes écrits
» ne peuvent pas bien enseigner ; car la taille... et
» l'ébourgeonnement doivent se faire en général suivant
» le sol, l'exposition et la forme qu'on destine aux ar-
» bres, et encore selon l'espèce d'arbre, et le tempéra-
» ment, c'est-à-dire la constitution de chaque indi-
» vidu ». Il indique ensuite la division en deux branches
» principales, de manière qu'elles fassent un **V** écarté ;
» puis celle des branches secondaires, tertiaires, etc.,
» qui doivent donner naissance à des rameaux à fruits. »

» J'ai vu, ajouté-t-il, des arbres disposés de cette sorte
» occuper un espace de plus de 20 mètres, adossés à
» un mur qu'ils cachaient de leurs feuilles dont le beau
» vert semblait encore augmenter l'éclat des plus beaux
» fruits ».

Bosc avait fourni, pour l'édition du *Théâtre d'agricul-ture* d'Olivier de Serres donnée par la société d'agricul-ture de Paris, des notes du plus grand intérêt. Il est aussi, entr'autres articles, auteur de ceux *Pêcher* et *Taille des arbres* du *Nouveau cours complet d'agriculture théorique et pratique*, ou *Dictionnaire raisonné et universel d'agri-culture*, etc., sur le *plan de celui de l'abbé Rozier*, dont il est un fort bon abrégé (Déterville, 1809). Dans ces ar-ticles, Bosc, adoptant la méthode de Montreuil, suit et copie même Butret sur tous les points importants. Il est pour l'emploi d'une taille propre à chaque arbre, et il assure qu'il faudrait des volumes pour compléter ce qu'il y aurait à dire sur la taille dont il réduit les principes à deux. Le 1er la suppression de tout canal direct de la sève : Le 2e la conservation de l'équilibre le plus parfait entre les deux côtés ou ailes de l'arbre. Il ajoute qu'on a exagéré le 1er par l'arqûre des branches dont l'angle de 45° a tous les avantages, sans en avoir les inconvé-niens. Il donne l'explication de la taille du fort au faible; principe qu'il regarde comme bon, mais peu utile dans la pratique, parce qu'il est un grand nombre de cas où l'on est forcé de s'en écarter. Il engage ceux qui veulent s'instruire à aller voir les travailleurs de Montreuil, as-surant, qu'à leur école ils en apprendront plus en une douzaine de leçons suivies aux différentes époques de l'année, que par la lecture de tous les ouvrages imprimés,

Dès 1806, M. Sieulle, jardinier du château de Vaux-le-Praslin, près Melun, avait fait insérer dans le journal de Paris, et dans celui de Seine-et-Marne, une lettre *aux jardiniers et aux amateurs du jardinage* où il annonçait ses expériences sur un nouveau mode de direction des arbres fruitiers en espalier. Il admet les deux divisions premières des branches ; mais il incline fortement ces deux branches-mères qui ne sont pas soumises à la taille, et qui par conséquent se garnissent de branches ramifiées dans toute leur longueur en forme d'une grande arête de poisson. A la demande de M. Sieulle la Société d'agriculture de Paris nomma une commission dont Aubert Du Petit-Thouars faisait partie. Les commissaires ne furent pas d'accord, et firent des rapports séparés. Ceux d'Aubert Du Petit-Thouars, ancien capitaine d'infanterie, et directeur de la pépinière du roi au Roule, furent imprimés en 1819 sous le titre de *Recueil de rapports et de mémoires sur la culture des arbres fruitiers, in-8°.* Il fit paraître aussi en 1817 *les observations préliminaires* de l'ouvrage resté inédit, et qu'il intitulait *Le verger français ou Traité général de la culture des arbres fruitiers qui croissent en pleine terre dans les environs de Paris.* Cet important travail devait avoir 5 vol. in-8° ; Le plan de cet ouvrage fut aussi imprimé in-8°. Thouin et Desfontaines avaient fait sur ce projet un rapport très-favorable. Il est à regretter que Du Petit-Thouars n'en ait pas fait jouir le public. Du Petit-Thouars a fait aussi en 1824 à la Société d'agriculture de Paris, la lecture d'un travail sur *la formation des arbres, naturelle ou artificielle, in-8°.* On remarque dans les

différentes productions de cet écrivain, agronome très-
zélé, qu'il se livrait un peu à son imagination ; et ses
réflexions ne sont pas toujours le résultat ou la conséquence d'observations pratiques. Ses ouvrages présentent une suite de mélanges de botanique et de voyages,
et il n'a pas fait faire un pas à la science de la taille des
arbres fruitiers, quoique quelques auteurs aient donné
son nom à une taille en éventail étagé, qui n'est qu'une
modification de la taille à branches horizontales. Voici
comment il l'expose lui-même ; » il suppose son pêcher
» planté, et entre mille manières, dit-il, qui pourraient
» avoir lieu, voici celle qui me paraîtrait la plus conve-
» nable ; je voudrais qu'il fût composé de trois étages
» horizontaux ; le premier à 6 pouces du sol, qui
» n'aurait que des branches *montantes* : le second à
» 6 pieds, il en aurait de *montantes* et de *descendantes* :
» le troisième sous le cordon du mur ; elles seraient
» toutes *descendantes*. Voilà le but où je veux tendre. »
Il indique ensuite comment il remplit les espaces entre
ses étages, au moyen de deux étages intermédiaires,
c'est-à-dire de deux pieds en deux pieds.

Sous le nom de *Bibliothèque chronologique*, il a laissé
un tableau *des auteurs* (*principalement français*), *qui ont
écrit sur la culture des arbres fruitiers* ; quoique ce tableau
soit incomplet, et qu'il laisse beaucoup à désirer pour
l'exactitude, il m'eût cependant été fort utile si je l'eusse
connu plutôt.

En 1810, avait paru la *Bibliographie agronomique*
de Musset-Pathay ; ouvrage peu exact et d'un médiocre
secours : ainsi, entre plusieurs exemples, l'ouvrage de

Pelletier de Frépillon est sous les deux n°ˢ 617 et 618. Il forme aussi deux articles pour le même ouvrage, l'un sous le nom de l'auteur, l'autre sous celui d'une société d'amateurs, comme étant deux ouvrages différents.

On publia de 1813 à 1821 le bel ouvrage de Noisette, rédigé d'après ses notes par le Dʳ Gautier : *Le jardin fruitier contenant l'histoire, la description et la culture des arbres fruitiers*, etc., etc., il a été vendu par livraisons, avec planches, soit noires, soit coloriées, et in-4° : une deuxième édition aussi par livraisons a paru en 1835. Noisette dressait les arbres fruitiers de manière à en faire des berceaux, des tonnelles, dont l'effet était assez agréable. Delà il donnait à chaque tige une direction fort inclinée d'un seul côté, choisissant de préférence celui où les rayons les plus directs du soleil pouvaient frapper. Toutes les tiges prennent successivement cette même direction, et cette même inclinaison, la dernière tige laissant nécessairement un vide, dans le cas où l'on voudrait appliquer ce mode à un espalier. Plusieurs inconvénients assez graves ont été reprochés à ce système qui a été peu suivi.

Un des plus célèbres jardiniers de Montreuil, Pépin, dont le nom fait autorité, était d'avis que la méthode de Montreuil pour la taille des arbres fruitiers, surtout en espalier, ne pouvait être fixée par écrit, parcequ'elle devait varier, non seulement suivant la nature de chaque arbre, mais encore suivant l'âge et les diverses circonstances où le même arbre pouvait se trouver pendant sa durée : que ce qu'il y avait de général dans les principes de la taille se réduirait à si peu de préceptes qu'il n'y

aurait réellement pas matière suffisante pour un ouvrage sur ce sujet. Aussi faisait-il très-peu de cas de tous les livres écrits sur la taille des arbres, et surtout sur celle du pêcher. Cette espèce d'anathême jeté par lui sur les écrivains n'empêcha pas J. Mozard son élève, neveu du jardinier du roi à Versailles, et lui-même un des meilleurs cultivateurs de Montreuil, de publier **en 1814** les *Principes pratiques sur l'éducation, la culture, la taille et l'ébourgeonnement des arbres fruitiers, et principalement du pêcher, d'après la méthode de* **M.** *Pépin et autres célèbres cultivateurs de Montreuil,* 1 vol. in-8°. avec planches, *dédié à Monsieur, frère du Roi.* Cet ouvrage de 160 pages embrasse la culture de tous nos arbres fruitiers. Il dit, avec raison, que la perfection de l'art est de seconder la nature. Il admet les palmettes, les éventails, la forme pyramidale, et les gobelets, devenus rares. « Il ne faut
» pas, dit-il, s'attacher à une symétrie trop rigoureuse,
» ni trop s'en éloigner. L'habitude et le goût doivent
» être les guides sur ce point , comme sur beaucoup
» d'autres... il faut d'abord donner de la grâce et de
» la vigueur à son arbre, puis lui faire produire des
» fruits...; l'essentiel est de conserver des branches
» égales en force, au moyen de leur inclinaison et de
» leur taille » .

Pour les espaliers, deux branches principales doivent former les bras primitifs ; puis de chaque côté de chacune d'elles, on établit des bras secondaires à un pied, un pied et demi de distance entr'eux. A en juger par les planches auxquelles il renvoie, il en admettait 6 sur chaque branche primitive, 3 au dessus et 3 au dessous. S'il ne fixe pas l'écartement des bras primitifs, c'est parce qu'il doit augmenter en proportion de l'âge et de la vigueur de l'arbre, et être tel que toutes les branches, tous les bras, puissent être placés sans confusion : et il donne le moyen de remédier à l'inconvénient qui se manifeste aussitôt que les branches du centre ont atteint le chaperon du mur. Le principe auquel il faut s'attacher est celui-ci : conserver l'égalité de force des branches, pour former les bras dans les différens degrés.

Après le jardinier Mozard, et vers la même époque, M. Le Comte Lelieur de Ville-sur-Arce, administrateur des parcs, pépinières et jardins du roi, membre de la Société d'agriculture de Londres, publia en 1817 la POMONE *française*, (nom donné par un ancien auteur anglais et par un écrivain italien à un écrit du même genre) ou *Traité de la culture et de la taille des arbres fruitiers*, 1 vol. in-8° et dédié à Mad. la Duchesse d'Angoulême. M. Lelieur avait annoncé dans son ouvrage l'intention de traiter successivement de la culture de chaque espèce d'arbres fruitiers, en commençant par la vigne et le pêcher, en raison de quelque analogie qui existe entre la taille de l'un et celle de l'autre : mais depuis, il n'a écrit sur la culture d'aucun autre arbre fruitier.

Dans la partie de son ouvrage où il traite de la taille du pêcher, il prétend que la taille de Montreuil ne peut convenir qu'à des cultivateurs qui n'ont que peu d'années à donner à chaque arbre, ce qui a quelque vérité ; mais quand il ajoute qu'elle ne doit pas être adoptée par des particuliers jaloux d'avoir des espaliers bien

soignés et susceptibles d'une longue durée, cette asser-
tion, prise absolument, n'est pas aussi admissible.
Aussi critique-t-il Roger Schabol, et de plus, il rejette
la méthode proposée par Legendre, curé d'Henonville
(c'est-à-dire Arnauld d'Andilly) qu'il dit, avec raison,
être la même que celle qu'on a appelée *à la Forsith*,
et encore depuis, *à la Petit-Thouars*, et il motive ce
rejet sur ce que, par son emploi, on ne peut garnir assez
le haut des murs, ni maintenir le pêcher vigoureux
dans sa partie inférieure. La forme qu'il préfère et
qu'il propose n'est qu'une légère modification de celle
qu'il appelle *à la Dumoutier*, nom d'un ancien jardinier
en chef au jardin des plantes. Quelques jardiniers l'ont
adoptée ; ce qui n'a pas empêché le plus grand nombre
d'entr'eux de rester attachés à la *taille raisonnée* de
Butret, c'est-à-dire *à la Montreuilloise*.

M. Lelieur a détaillé, année par année, les opérations de la taille *à la Dumoutier*, ainsi que celle à bras
horizontaux. Il blâme la division en un V ouvert ainsi
que l'observation de l'angle de 45°, s'appuyant de
l'autorité de Bonnefond qui a prétendu que les branches contraintes ne portaient que de petits fruits. Chaque côté, pris séparément, lui paraît ce qu'il est réellement en partie, un simple éventail qui commence après
la bifurcation opérée lors de la première taille. Cette
forme semble cependant moins contrarier la nature : il
veut que l'inflexion ait lieu avant la consolidation des
fibres ligneuses : il donne le conseil qu'on ne s'en rapporte pas aveuglément aux livres d'agriculture, et qu'on
ne suive pas leurs préceptes comme des oracles, mais

qu'au moyen de la pratique on les soumette à une vé-
rification ; et, faisant allusion sans doute au livre de
Cadet-Devaux, il dit que des personnes recommanda-
bles se sont hasardées à écrire que la taille des arbres
fruitiers était inutile, mais que la pratique a prouvé le
contraire. Il regarde comme vicieuse, à l'égard du pêcher, la dénomination de branches à bois et à fruit,
ainsi que l'avait pensé du Petit-Thouars. Quelle que
soit la forme qu'on adopte, et il ne paraît pas y attacher
beaucoup d'importance, des formes diverses et à peu
près contraires les unes aux autres, ayant produit les
mêmes résultats, il se borne à conseiller de se déterminer dès le principe pour celle qu'on a choisie. Suivant
lui, la forme la plus avantageuse n'est pas telle ou telle,
mais celle qui tourmente le moins le pêcher, lui fait
couvrir plutôt une surface donnée, procure la facilité
de le contenir dans les limites de cet espace, sans nuire
aux produits, à la santé, ni à la durée de l'arbre. Il
avoue qu'il n'a pas fait assez d'expériences pour savoir
laquelle remplit mieux ces conditions, ce qui l'a déterminé à n'en décrire que deux, comme je viens de
le dire, savoir : celle *à la Dumoutier* qu'il regarde
comme la plus facile et la plus convenable pour des
pêchers plantés contre des murs élevés de 9 à 10 pieds.
Dans ce système, quatre branches partent de chaque
mère, dont trois inférieures plus fortes que celles du centre ou supérieures ; puis au centre, sur chacune des deux
mères, et vers le bas une branche à fruit. Dans l'explication qu'il en donne, ce sont ses principes qu'il applique
pour les cinq premières années : puis il décrit la se-

conde forme, celle à bras horizontanx ou en cordons ,
qui garnit promptement et également les murs , ne
prend pas autant d'étendue que l'autre, et permet de
cultiver plus de variétés ; il s'occupe ensuite de la taille,
du pincement, de l'ébourgeonnement et du palissage ,
opérations sur lesquelles il s'étend beaucoup : il rap-
pelle qu'il a rejeté l'angle d'ouverture de 45°, parce
que, pour maintenir l'arbre dans les conditions qui en
résultent, il exige de trop grands efforts, un trop grand
travail, et une attention trop soutenue : il applique l'u-
sage des branches de remplacement et de celles de ré-
serve, et indique les moyens de n'en être jamais dé-
pourvu, ce qui est essentiel pour avoir constamment
des fruits, et il convient que Butret a traité du remplacement des branches à fruit, d'une manière claire et
précise : il s'occupe aussi des pêchers en plein-vent
cultivés à Paris, Corbeil, Brie, Melun , Thomery, etc.,
etc., et il indique les soins qu'il serait utile d'employer
pour leur succès ; enfin , il porte sa critique sur les
Montreuillois qui n'ont rien changé, dit-il, de leurs habitudes depuis 160 ans ; il ajoute que les progrès faits
dans le jardinage les laisse derrière les autres cultivateurs, et que ni leur taille, ni leur conduite des arbres
ne peuvent plus être proposées comme des modèles à
suivre : il engage les jeunes jardiniers à les visiter pour
juger par eux-mêmes de cette culture si renommée : il
ne fait pourtant aucun reproche positif ni particulier
sur la taille, mais seulement sur la tenue des arbres et
leur fréquent renouvellement : il avoue que les cultivateurs de Montreuil connaissent très-bien la culture du

pêcher, sa manière de végéter : qu'ils possèdent cette connaissance à un plus haut degré que qui que ce soit; qu'eux-mêmes n'ignorent pas qu'on peut mieux cultiver le pêcher ; mais qu'ils savent aussi qu'il faudrait y mettre plus de temps qu'ils n'en ont à dépenser : il leur reproche la forme en V, existant rarement avec égalité de force dans les mères-branches, comme aussi de ne point pincer, de se presser trop d'établir les membres de dessus ; qu'il en résulte que ceux de dessous disparaissent promptement ; qu'ils les remplacent par les branches-mères qui périssent à leur tour, et qu'ils remplacent aussi : qu'à la vérité ce mouvement produit constamment du jeune bois, et par conséquent du fruit ; mais que les arbres s'épuisent, et meurent après avoir rapporté abondamment des fruits pendant quelques années.

L'importance de l'ouvrage de M. Lelieur m'a déterminé à donner peut-être un peu trop d'étendue à ce qui le concerne ; mais, son système ayant été adopté par un assez grand nombre de cultivateurs, j'ai cru devoir en parler plus longuement, comme présentant une méthode qui n'a pourtant rien de particulier, sinon d'admettre toutes les formes comme à peu près indifférentes au succès du pêcher, sauf, toutefois, la forme qu'il préfère, celle en éventail *à la Dumoutier*. M. Lelieur a aussi formé le vœu déjà émis par De la Bretonnerie et Butret, « qu'il fût établi une école destinée à l'instruc-
» tion des jardiniers, et qu'il considère comme un bien-
» fait dont la société tirerait de grands avantages ; et il

» ne regarde pas cette idée comme indigne d'occuper
» la pensée d'un homme d'état. »

·Cet article était terminé quand j'appris qu'une deuxième édition de cet ouvrage venait de paraître chez M. Cousin, libraire-éditeur, rue Jacob, 25. J'ai cru devoir en prendre connaissance, et en dire quelques mots à la hâte.

Dans cette édition, M. Lelieur exécute la promesse qu'il avait faite par le titre même de son *Traité de la culture et de la taille des arbres fruitiers*. Il y a ajouté à la culture et à la taille de la vigne et du pêcher celle du poirier, du pommier, de l'abricotier, du cerisier, du prunier, du groseiller, du framboisier ; il y a fait même une bonne place au fraisier. Ses instructions ne peuvent qu'être utiles, comme étant le résultat de nouvelles observations faites depuis 25 ans. Il y maintient sa première critique sur la taille et la conduite des arbres de Montreuil, et il prétend « que MM. Lepère et
» Malot ont tort de vouloir faire accroire, par leurs
» écrits, que la culture du pêcher à Montreuil est ar-
» rivée à sa perfection, et de l'offrir pour modèle. »
Suivant lui, le terrain de Montreuil est épuisé ; il convient pourtant que, malgré ce qu'il en dit, les jardiniers de ce pays, « satisfaits de leurs succès séculaires
» n'iront pas, par des essais, compromttre leurs reve-
» nus, ni courir des hasards qui pourraient les arriérer »
L'article qu'il a consacré à LA FORME DITE CARRÉE, *présentée par M. Lepère comme une forme nouvelle devant servir de modèle*, contient diverses objections contre cette forme et contre « la précaution d'établir les membres

» du dessous avant que de commencer à faire développer
» ceux du dessus, mais dont tous les soins ne serviront
» qu'à retarder plus ou moins le dépérissement total, »
et il conclut, « qu'en supposant même que M. Lepère
» eût réalisé la forme qu'il offre pour modèle, et qu'il
» se propose vainement d'atteindre, cette forme est
» moins admissible que celle des pêchers de Boissy-St-
» Léger » (c'est-à-dire la palmette à une ou deux
tiges). » Il ajoute « que M. Lepère n'a pas mis tout-à-
» fait en pratique les principes énoncés dans la *Pomone*
» *française* depuis plus de 25 ans, et dont cependant
» il semble s'être pénétré dans son ouvrage ; enfin, que
» M. Lepère a préconisé une pratique contraire à sa
» théorie. » Il n'est pas non plus du même avis que M. Lepère sur l'ébourgeonnement. A l'article du PINCEMENT,
il critique un des usages de cette opération invoqué par
M. Dalbret, ainsi que le système adopté par MM. Dalbret
et Lepère relativement aux branches de bifurcation. Au
surplus, M. Lelieur veut que la taille soit basée sur la
végétation particulière à chaque espèce d'arbre indé-
pendamment de sa forme, et quelle que soit celle que
l'on donne à l'arbre.

Très-peu après la publication de la *Pomone française*
parut le *Guide des propriétaires et des jardiniers pour le
choix, la plantation et la culture des arbres, ou précis de
toutes les connaissances nécessaires pour planter et tailler les
arbres fruitiers et autres,* etc., 1 vol. in-8°, Paris, 1821,
par M. S. Beaunier, ouvrage qui ne contient rien de
particulier sur la taille des arbres fruitiers ; parut ensuite l'*Essai sur l'éducation et la culture des arbres*

fruitiers pyramidaux vulgairement appelés quenouilles, 1827, in-8°, par M. Prévost fils, il n'est traité dans cet écrit que d'une forme particulière d'arbres, qu'on a beaucoup modifiée depuis, en la restreignant à la forme purement pyramidale, et dont la taille convenable est celle des arbres à branches horizontales.

L'attaque de M. Lelieur contre la culture du pêcher en usage à Montreuil n'avait pas empêché la plus grande partie des jardiniers de suivre une méthode recommandée par Butret, dont les éditions régulières et les contrefaçons multipliées avaient répandu la doctrine. M. DALBRET, *jardinier en chef de l'école d'agriculture et des arbres fruitiers au jardin du roi, et membre de plusieurs sociétés agricoles*, avait, pendant environ trois ans, donné des leçons sur la taille des arbres fruitiers à cette même école. Le grand âge de M. Bosc et les infirmités attachées à la vieillesse ne lui permettaient plus de faire son cours de culture comme successeur du célèbre Thouin dont M. Dalbret était un des élèves les plus distingués. M. Dalbret avait lui-même succédé à M. Dumoutier. Les élèves qui suivaient le cours de M. Dalbret l'engagèrent à faire imprimer les leçons de ce cours; et c'est pour satisfaire à ce vœu, et rendre encore plus utile son enseignement, en le communiquant au public, que M. Dalbret fit imprimer en 1829, son *Cours théorique et pratique de la taille des arbres fruitiers*, 1 vol. in-8°. Il le dédia à M. Mirbel, membre de l'institut, et professeur de culture au jardin du roi, dont il est administrateur. L'auteur de la *Pomone française* approuve beaucoup cette conduite de M. Dalbret; il pense qu'il est fort utile que ceux qui ont

professé l'horticulture, « laissent des traces de leur en-
» seignement, les leçons écrites étant la garantie de la
» capacité du professeur : » et, à cette occasion, M. Lelieur établit une grande différence entre un professeur
de botanique très-savant, mais qui n'a ni pratique, ni
expérience, et un professeur d'horticulture, qui n'a
jamais assez d'expérience, ni une pratique trop étendue.

La 2e édition du *Cours théorique et pratique* de
M. Dalbret parut en 1836, la 3e en 1839, et une 4e en
1841. Lorsque j'ai rédigé ma notice de cet ouvrage,
j'avais sous les yeux la 2e édition, et c'est sur celle-là
que portent les observations suivantes. Je pensais qu'en
ce qui concerne la taille des arbres fruitiers, comme
elle doit reposer sur des principes fixes et déterminés,
la différence d'édition devait peu influer sur l'opinion
qu'on pourrait s'en former, d'après ce que je vais en
dire ; mais, ayant aujourd'hui la 4e sous les yeux, je
dois déclarer qu'elle contient des améliorations très-
importantes qui ne peuvent qu'ajouter à l'intérêt que
le public a témoigné jusqu'ici à ce *Cours*, et des aug-
mentations qui, portant principalement sur les diverses
tailles, leurs modes et leurs effets, lui procureront un
succès de plus en plus mérité, et tel que celui qu'il a
déjà obtenu.

Malgré les divisions et subdivisions peut-être un peu
multipliées de cet ouvrage, il n'en reste pas moins
quelque confusion dans certaines parties qui ne tiennent
à la vérité qu'à la forme du livre. Ainsi, par exemple,
une définition renvoie à une autre ; elle est plusieurs
fois répétée. Le détail des opérations y a le même in-

convénient que l'on rencontre dans la *Pomone* de M. Lelieur, c'est d'être trop long, et d'indiquer tel ou tel cas particulier, au lieu d'établir seulement des principes généralement applicables.

Le point principal de la méthode de M. Dalbret consiste, après l'établissement des deux branches-mères, à se procurer des branches sous-mères qui remplacent les deux branches horizontales inférieures conseillées par De Frépillon; puis à continuer la charpente de l'arbre par la formation de toutes les branches secondaires inférieures, avant que de s'occuper des supérieures, et au lieu de les établir alternativement, comme l'enseigne Butret. L'expérience seule faite sur toutes les espèces devra prouver si cette manière d'opérer leur sera favorable à toutes, et dans toutes les circonstances, et dans toutes les positions. Elle paraîtrait devoir retarder la jouissance; mais M. Dalbret indique les moyens, peut-être un peu compliqués, de remédier à l'embarras que peut causer cette manière d'opérer et de ne pas retarder l'époque de la production du fruit. Il suit la taille du poirier en espalier jusqu'à la dixième, indiquant que les procédés qu'il va décrire sont applicables à tous les autres arbres de même nature : avertissement qu'on trouve aussi à l'article des opérations relatives à la direction du pêcher. Il donne la taille de la vigne en cordons, puis celle des arbres, suivant les différentes formes qu'on leur fait subir. Il préfère, avec raison, la forme pyramidale à la forme en quenouille que l'expérience a fait abandonner presque partout. Il paraît être d'un avis contraire à celui de beaucoup d'autres horticulteurs sur la question de savoir si la taille longue affaiblit une branche, ou si au contraire elle ne donne pas de la force à celle qui en a besoin ; problème qu'il laisse pourtant à résoudre, et dont les expériences qu'il suit avec zèle devront lui fournir les moyens de solution les plus certains.

Il passe en revue toutes les formes données jusqu'ici aux arbres fruitiers, et surtout aux pêchers ; mais, dans son *résumé de la taille à la Quintinye, à la Montmorency et à la Montreuil,* je remarque qu'il ne parle que de cette dernière seule qu'il dit « n'être rien moins qu'une amé-
» lioration des deux précédentes, quoique préconisée
» par une foule d'auteurs qui n'ont pas craint d'avan-
» cer que la méthode de Montreuil était préférable à
» toutes celles connues. » A cet égard, il s'appuie de l'autorité de M. Le Comte Lelieur, mais il avoue » que
» les éloges qu'ont faits de cette méthode Roger-Schabol,
» Le Berriays, De Combes, Butret, etc. (il aurait pu
» ajouter A. Thouin dont il a été l'élève, et Bosc), ont
» pu être mérités lors de l'apparition de ces divers écri-
» vains, mais que l'école nouvelle les a dépassés pour
» longtemps. Cependant, ajoute-t-il, depuis quelques
» années on remarque un certain nombre de jeunes
» gens qui ont amélioré le système de leurs pères ; espé-
» rons que les connaissances de physiologie végétale
» qu'ils acquièrent aujourd'hui, et dont ils ont senti
» toutes les conséquences, rétabliront la réputation
» d'un pays qui servit de régulateur à une foule de cul-
» tivateurs et d'auteurs distingués du dernier siècle. »

Après cette critique de la méthode de Montreuil dont

la sienne n'est, dans ses premières dispositions, et dans le mode de remplacement, partie si importante, que la reproduction plus ou moins améliorée, il passe aux autres tailles ; celle à la Sieulle pour le pêcher, adoptée à Vaux-Praslin, près Melun, et dont le point principal consiste à ne jamais tailler par leur extrémité les rameaux destinés à la formation des deux ailes ; celle à la Noisette qui consiste à n'admettre qu'une aile inclinée, et où il n'y a qu'un point de départ ; il en signale les inconvénients ; puis celle en éventail-palmette, celle queue-de-pàon, et ce qu'il appelle les trois modes à la Forsyth ; celle en Têtard, et enfin celle à la Cadet de Vaux qui, au lieu d'être une taille, en est l'exclusion, puisqu'il ne s'agit que de courber les branches en demi-cercle, soit concentriquement, soit excentriquement, pour avoir beaucoup de fruits, et qui ne pourrait tout au plus être employée que pour disposer un arbre à en donner, et seulement dans certains cas extraordinaires. Il termine par la taille en cépée, applicable aux groseilliers, aux framboisiers et aux figuiers.

Dans l'intervalle du temps qui s'est écoulé entre la publication de la 1re édition de l'ouvrage de M. Dalbret et celle de la 2e, deux écrits importants ont paru ; l'un de M. Sageret en 1830, l'autre de Bengy-Puivallée en 1831. Je m'étendrai un peu sur chacun des deux :

M. Sageret, après s'être occupé, dans sa *Pomologie physiologique*, etc. (1 vol. in-8°), des moyens de perfectionner la fructification, tels que la greffe, l'incision annulaire, etc., ainsi que de multiplier les arbres fruitiers par boutures, marcottes, etc., appuyé sur les recherches

de ceux qui l'ont précédé, et principalement sur celles
de M. Van-Mons, dont l'intéressant ouvrage sur la *culture des arbres fruitiers en Belgique* a paru depuis, en 3 vol.
in-12, 1835 ; et encore sur celle de Du Petit-Thouars,
et sur les siennes propres relativement au poirier en
particulier, annonce, à l'avance, que les observations
qu'il va faire dans son mémoire sur la taille des arbres
à fruit ne portent que sur les arbres à fruits à pépins,
et que les considérations qu'il présente sur leur taille
ne sont pas le résultat d'une longue pratique de cet art.
Il ne s'occupera donc pas de la taille « sous ses rapports
» avec la direction des arbres, soit en espalier, soit
» soumise à toute autre forme, d'usage, de mode, ou de
» caprice, bien ou mal raisonnée, comme contr'espalier,
» buisson, quenouille, pyramide, etc., il n'entend parler
» que de la taille en elle-même, c'est-à-dire de l'arbre
» taillé simplement dans la vue de lui faire porter son
» fruit, et de le contrarier le moins possible dans sa
» forme et dans son port naturel... il dit : que, le but de
» la taille n'étant pas seulement de se procurer des fruits
» pour le moment, mais de prévoir à l'avance les moyens
» de tenir toujours le mur garni dès qu'on veut assujettir
» un arbre à une forme quelconque qui n'est pas la
» sienne propre, la taille devient un art très-compliqué.
» Le but de ses recherches est de concilier la pratique
» et la théorie. » Presque ennemi de la taille, du moins
telle qu'elle est pratiquée, il veut : « qu'on tire un
» meilleur parti de ses moyens auxiliaires, tels que
» l'incision annulaire, l'arqûre, le cassement de l'extré-
» mité des branches, le pincement, l'ébourgeonnement,

» la greffe, la transplantation, le recepage, l'éborgne—
» ment, etc., » moyens dont il suit les effets.

L'opinion de M. Sageret est qu'on ne peut contester
à la méthode de Cadet Devaux ses avantages, en ce
qu'il supprimait une partie de ses branches arquées,
après en avoir tiré tout le parti possible, parceque *supprimer*, comme le disait son auteur, n'est pas *tailler*. Il
reconnait aussi qu'on doit avoir des obligations à
M. Sieulle « pour avoir exécuté des innovations remar—
» quables, et, le premier, réduit en système, et mis en
» pratique l'éborgnement (soustraction des yeux avant
» leur développement), moyen dont on tirera grand
» parti. » Je crois devoir rappeler que cette opération est désignée dans l'ouvrage de Decrescens. Dans
un *P. S.*, M. Sageret déclare que « des observations
» postérieures lui ont fait voir que la conduite des maî-
» tresses branches sans raccourcissement avait l'in-
» convénient de les laisser trop s'alonger en dégarnissant
» le bas ; » mais il ajoute « qu'on prourrait y obvier par
» le moyen de la taille ordinaire, pratiquée tous les trois
» ans » ; il est de l'avis de Du Petit-Thouars sur la
division admise entre les *branches à bois* et les *branches
à fruit*, expression dont il permet aux jardiniers de se
servir, mais seulement comme relatives, et non comme
distinctives, bien réelles, ni fondées sur la nature intime
de ces branches, puisqu'on peut à volonté changer leur
destination. Il propose une division artificielle entre
les arbres d'âge et de force différents, en cinq ordres.
Relativement à l'utilité de la taille, il pose deux questions
dont la première consiste à savoir, « si lorsqu'on re—

» tranche à un arbre un de ses membres, comme une
» partie quelconque de branches, la sève, qui était
» destinée à nourrir la partie retranchée, profite plus
» particulièrement à la partie restante, ou si elle
» reflue indifféremment dans l'arbre même. » Sans se
prononcer sur cette question, il se contente de dire que
souvent « la taille détruisait inutilement pour recons-
» truire ; qu'elle était loin de remplir son but, et qu'on
» ne pouvait absolument la regarder comme un art porté
» à sa perfection... qu'il ne visait pas à la renverser du
» premier coup ; qu'il eût fallu pouvoir la remplacer
» sur-le-champ, et que le temps n'en est pas encore
» venu »... Enfin il la regarde « comme une lutte per-
» pétuelle de l'art contre la nature dont les forces sont si
» grandes, et les ressources si variées, que, malgré la
» taille, elle répare promptement les outrages qu'on ne
» cesse de lui faire ».

Cet ouvrage fort important contient d'excellents
moyens de mettre les arbres en état de porter des fruits ;
et il n'est pas de propriétaire, ni de jardinier instruit
auxquels la lecture des mémoires qu'il contient ne
suggère sur la taille des arbres quelques idées d'amélioration et de perfectionnement bien désirables.

Je viens à Bengy-Puivallée (Claude-Austrégesile).

La société d'agriculure du Département du Cher
avait fait en 1831 insérer dans le tome 3, n° 24, de ses
bulletins un *mémoire* de M. Bengy-Puivallée, son président, *sur la culture du pêcher*. Ce mémoire a été aussi
publié séparément à Paris en 1832, 1 vol. in-8° avec
planches.

Après avoir fait, sous le titre de *Coup-d'œil historique et raisonné sur la marche et les progrès de l'art de la taille*, une histoire critique très-abrégée des principaux auteurs qui ont écrit sur la conduite et la taille du pêcher, Bengy-Puivallée reproche à l'école de De la Quintinye, outre une plantation trop rapprochée, qu'elle admettait une taille des branches à fruit trop longue, parcequ'alors les branches de remplacement venaient très-loin du point d'insertion de la branche à fruit, ce qui les plaçait successivement à l'extrémité de cette branche, au lieu de développer les yeux qui sont à sa naissance. Ces yeux donnent alors des bourgeons remplaçant, sans changement de position, la branche qui, ayant produit du fruit une fois ne peut plus en produire : ce en quoi consiste tout l'art du REMPLACEMENT. Il attribue avec justice, à Roger-Schabol l'introduction de plus grandes améliorations que celles qui avaient eu lieu avant lui. Ensuite, à la méthode de Montreuil où le canal direct de la sève est coupé pour former deux branches-mères, d'où sortent alternativement, à des distances régulières, des branches secondaires horizontales en dehors, verticales en dedans, et à l'emploi d'une taille longue, au moyen de laquelle on utilise les gourmands sans pincer, il oppose ce qu'il appelle l'école nouvelle, représentée en partie par M. Lelieur, mais d'une manière plus précise par M. Dalbret. Suivant Bengy-Puivallée qui paraît avoir suivi lui-même quelque temps, lorsqu'il était député, les leçons de M. Dalbret, cette école est distinguée de la méthode de Montreuil dont M. Dalbret a adopté le V écarté de 45° et les branches-mères, 1° par l'usage fréquent du pincement

déjà employé par l'école de De la Quintinye, et tout-
à-fait proscrit par Roger-Schabol ; usage admis depuis
par quelques cultivateurs, non comme moyen essentiel,
mais seulement comme auxiliaire, et que Bengy-Puivallée admet aussi, comme moyen d'empêcher complétement l'apparition des gourmands : et 2° par l'établissement total des branches inférieures avant les branches
supérieures. Bengy-Puivallée regarde ces modifications
comme un pas immense qu'on a fait faire à la science,
et un service signalé rendu aux praticiens les moins
instruits.

A la suite du détail des différentes pratiques employées pour le gouvernement des arbres, et du mode
d'opérer pour chacune d'elles, ainsi que de l'indication
de leurs effets, il examine les diverses formes en usage
pour les espaliers. D'abord, celle en éventail : c'est
comme un demi-cercle, dont tous les rayons partent
d'un centre commun ; celle de De la Quintinye adoptée
par M. Dumoutier, et qui, dès le principe, fait partir
ses rayons de deux points, leur laissant d'abord la position verticale, puis les inclinant, jusqu'à en faire des
branches inférieures. Leur force doit empêcher celles
qui seront verticales de les épuiser : M. Lelieur en a
montré le grand développement : l'usage du pincement
y est fréquent, mais M. Lelieur ne donne pas le moyen
de maintenir les verticales, de manière qu'elles n'affa-
ment pas celles inférieures. L'intercalation des branches
à fruit y devient difficile, ce qui n'a pas lieu dans la
forme du V ouvert de Montreuil. Les bons élèves de
Montreuil, Butret par exemple, ni ceux qui ont adopté

ses préceptes, n'ont pas toujours suivi la rigueur ma-
thématique de *la Société d'amateurs* de 1773 (c'est-à-dire
de De Frépillon.) Ils ont incliné les branches de l'in-
térieur sur la branche-mère. Ainsi M. Dalbret, tout en
adoptant la forme dite *de Montreuil*, n'a changé qu'une
partie du mode de formation qu'on y emploie pour la
direction des arbres. Mais l'embarras né des branches
verticales n'est que pallié dans ces systèmes par un
rapprochement rigoureux et continuel. Delà Bengy-
Puivallée préfère la forme à bras horizontaux, la palmette à une tige d'Arnauld-d'Andilly, combinée avec
l'U de M. Fanon, qui n'avait pu la faire réussir pour le
pêcher : il en fait ressortir tous les avantages, et la
prétend exempte des principaux inconvénients reprochés à la forme de De la Quintinye modifiée par M. Dumoutier, et à celle de Montreuil même modifiée par
M. Dalbret ; il suit la taille du pêcher pendant 4 ans.
Du 15 février au 15 mars, époque où il fixe la taille, le
premier rameau ne donne pas une branche-mère, mais
la première branche horizontale sur laquelle la 1re
branche de l'U sera prise : il continue de suite d'année
en année, suivant la hauteur du mur, quellequ'elle soit.
Après avoir courbé peu à peu les branches horizontales,
on leur donne la longueur que l'on veut, ainsi qu'on le
fait aux cordons de vigne. L'espace entre les deux tiges
de l'U doit être de 2 pieds pour le pêcher, 7 à 8 pouces
pour le poirier et le pommier, et 15 environ pour l'abricotier qui est le plus rebelle ; et celui à laisser entre les
cordons sera aussi de 2 pieds : on ne tirera de la branche-mère qu'un cordon tous les deux ans. Cette forme

est d'ailleurs d'une extrême simplicité ; elle se prête aux diverses hauteurs des murs d'espalier : il y a uniformité constante des moyens à employer ; absence de toute bifurcation dans les branches secondaires. De Puy-Vallée attribue les succès qu'il a obtenus de cette forme aux soins qu'il a eus d'attendre pour former les étages supérieurs, que les étages inférieurs eussent reçu un développement suffisant. Cette forme lui présente moins d'inconvénients que les autres systèmes pour ses deux verticales, desquelles partent toutes les branches horizontales, en ce qu'on peut développer l'arbre dans toutes les directions, sans aucune opération du genre de celles nécessaires aux autres modes. Tel est le système de Bengy-Puivallée.

En 1834, M. Jean-Baptiste Cotinet, *membre de l'Académie d'horticulture de Paris, jardinier cultivateur à Fourges, département de l'Eure,* a fait imprimer *sa notice sur une nouvelle méthode de tailler les pêchers,* etc. Ce petit ouvrage in-8° n'a que 16 pages d'impression, dont 10 seulement sont employées à traiter du pêcher. Il est divisé en onze chapitres, ils commencent par sa plantation, et se terminent par les soins à donner à ses fruits. On n'y trouve que le mode de direction et de taille de l'auteur, qui se fonde, pour en recommander l'emploi, sur 20 années d'expérience. Sa méthode consiste à établir d'abord deux premiers membres ouverts sous l'angle de 45°, munis chacun de bourgeons, placés le plus bas possible, et le plus près de la souche, destinés à former les seconds membres ouverts à 35° ; et à défaut, il emploie la greffe ; puis il établit ses troisièmes membres, ce qui fait 3 de chaque côté de l'arbre. La taille de ses membres est des trois quarts, et celle des branches de continuité de la moitié de leur longueur. Dès les 5e et 6e années, il palisse les premiers membres sous un angle de 65°, les seconds de 40° et les troisièmes de 15 à 20°. Les 7e et 8e années, les premiers sous l'angle d'environ 70°, les seconds sous celui de 50° à 55° et les troisièmes de 45° seulement. Chacun des membres, garni de ses branches inférieures et supérieures, bien régulièrement alignés, figure une arête de poisson. Il recommande les soins du pincement et du rapprochement, et il a pour principe de ne laisser jamais qu'une ou deux pêches sur chaque branche fructifère : chaque membre étant pourvu d'environ 80 branches à fruit, les six membres portent 480 branches et près d'un millier de pêches sur un arbre d'environ 34 pieds d'envergure. Les planches ont rendu ce *traité* un peu cher à raison de son volume.

Les attaques dirigées contre la direction, la taille et le maintien des arbres à Montreuil par M. Le Comte Lelieur, ainsi que par M. Dalbret, et répétées par Bengy-Puivallée, ont enfin déterminé M. Al. Lepère, cultivateur à Montreuil, membre de la société d'horticulture de Paris, de celle de Meaux, et correspondant de celle de Seine-et-Oise, a chercher *un interprète capable de bien rendre sa pensée* ; et, *enfant de Montreuil*, où il exerce la même profession que son père, il a cru devoir les repousser, en reconnaissant avec franchise ce qu'elles peuvent avoir de vrai, et en proposant lui-même, pour le pêcher, une forme d'espalier qu'il croyait nouvelle, et qui n'est que le développement bien exact de celle déjà proposée et décrite *par une société d'amateurs en 1773*, ou plutôt, comme nous l'avons dit, par Pelletier de Frépillon. L'ouvrage de M. Lepère a pour titre : *Pratique raisonnée de la taille du pêcher en espalier carré, contenant sa culture, sa multiplication, les principes généraux de la taille, et leur application à la forme carrée, la taille dite à la Montreuil*, etc., etc., 1 vol. in-8°, 1841, avec 4 planches gravées, dédié à M. le vicomte Héricart de Thury, président de la société royale d'agriculture de Paris, *Person, libraire. rue St-André-des-Arts*, 13. Ce titre indique qu'il s'agit d'obtenir constamment une forme carrée pour le pêcher, ou plutôt un parallélogramme rectangle. Pour y parvenir, M. Lepère assure qu'il y a peu de changements à faire à la taille, mais seulement une plus grande surveillance à observer, et surtout pour les branches tertiaires. M. Lepère donc indique les moyens de remplir sans vide son parallélogramme plus ou moins allongé; c'est toujours le V ouvert, les 2 branches-mères, les branches inférieures secondaires établies avant les branches supérieures. «Son arbre complètement formé se compose de 2 branches-mères sur chacune desquelles sont insérées 6 branches, 3 dessous et 3 dessus alternant entr'elles, et distantes les unes des autres de 80 centimètres.... pouvant fournir annuellement 4 à 500 pêches par arbre en espalier carré. » Ce qui ne paraît être que la moitié de ce que De la Bretonnerie annonçait devoir être produit par un pêcher bien dirigé, et de celui calculé, comme nous venons de le voir, par M. Cotinet. M. Lepère ne « s'en

» croit pas moins en droit d'affirmer qu'aucune forme
» ne présente un coup-d'œil, un aspect plus régulier, ne
» donne les moyens d'avoir une plus grande étendue à
» garnir de petites branches, et conséquemment n'assure
» une récolte en fruits plus considérable, que la forme
» carrée, ainsi qu'il l'a décrite ; et qu'il peut ajouter
» aussi qu'aucun auteur, même parmi ceux qu'on vante
» le plus, n'a donné une explication satisfaisante du
» traitement des petites branches... et que, quelle que
» soit la charpente qu'on donne au pêcher, qui, confié
» à des mains habiles, peut prendre à peu près toutes
» les formes que l'on désire, sa manière de traiter la
» petite branche, point fondamental, puisqu'il assure
» la production du fruit, doit être constamment suivie
» avec scrupule. » M. Lepère suit son pêcher jusqu'à la
neuvième année, ou sa huitième taille. Alors il est complet ; et il regarde sa forme nouvelle et les opérations
qu'il indique, comme préférables à la forme de Montreuil et à ses opérations; forme et opérations qu'il reconnait pourtant présenter un grand avantage dans la
facilité avec laquelle on peut remplacer une branche
perdue, et avoir toujours de beaux arbres bien pleins.
Ce qu'il y a de certain, c'est que la beauté des espaliers
dressés en cette forme par M. Lepère est telle, qu'en
les voyant dans ses jardins, on est bien tenté de croire
que celui qui les a édifiés a atteint le plus haut degré
de perfection ; et ce bel état de ses pêchers n'est pas une
pure supposition, comme M. Lelieur le laisse entendre,
mais un *fait* bien réel.

Cette observation rigoureuse d'une forme particulière

convient-elle à toutes les espèces, à toutes les positions, à toutes les circonstances? Ce pincement réitéré, si nécessaire, et dont on regarde l'usage, renouvellé de De la Quintinye, comme une des améliorations de ce qu'on appelle la nouvelle école, est-il facile d'en éviter les inconvénients? Suivant M. Lepère son emploi exige une surveillance continuelle, « et l'on peut dire que » tous les huit jours on pourra trouver l'occasion de » nouveaux pincements que la sève, contrariée par les » premiers, aurait rendus nécessaires. »

Au reste l'ouvrage de M. Lepère est bien fait, fort clair dans les détails où il entre pour enseigner à maintenir l'équilibre de végétation lorsqu'il est menacé, et prêt à se rompre. Mais, quoique d'un volume moindre de plus de moitié que les écrits de ceux qui l'ont précédé, il est à regretter qu'il soit encore trop long pour les élèves jardiniers, ainsi que ceux de presque tous les auteurs précédents. Il est comme eux, d'un prix au-dessus de l'état ordinaire de fortune de ces jeunes gens.

Je dois ajouter que M. Lepère dont l'ouvrage est déjà fort répandu, et le sera de plus en plus, par l'intérêt que doit inspirer la lecture d'un livre utile, ne m'en parait pas moins avoir commis une erreur que je dois signaler. En effet, s'il a dit vrai en avançant qu'il y a environ 20 ans, Beausse, qui vivait alors, avait *le premier formé* des pêchers carrés, ce que je n'oserais affirmer, et qu'il donnait à chaque aile de ses pêchers cinq branches secondaires supérieures et cinq inférieures, nombre excessif, que M. Lepère approuve

M. Malot d'avoir réduit à 3, ce qui suit, savoir que ce même jardinier Beausse *n'en est pas moins le véritable inventeur de l'espalier carré*, n'est pas également vrai. Sans doute, quand M. Lepère dit aussi que lui-même *est le premier à publier cette méthode*, il n'avait aucune connaissance de l'ouvrage de Pelletier de Frépillon, ni du *Cours* ou *dictionnaire d'agriculture* de l'Abbé Rozier. Au surplus, les différents écrivains qui ont adopté une méthode plus ou moins rapprochée de cette forme géométrique, dans les proportions exactement calculées qu'ils proposent entre les différentes branches de la charpente des pêchers, n'ont fait que suivre pas à pas, et en la paraphrasant, la description des opérations qui se trouvent dans ces ouvrages. Ceci s'applique au *Traité* de M. Malot dans lequel il a prétendu aussi *avoir imaginé et exécuté le premier* la forme carrée. Je crois pourtant devoir faire observer que cette forme carrée, véritable parallélogramme rectangle, se retrouvera partout et dans toutes les formes qu'affecteront les branches des pêchers, si l'arbre couvre bien et en haut et en bas le mur où il est attaché, c'est-à-dire depuis le chaperon du mur jusqu'à la hauteur de la greffe ; et si, des deux côtés, il est bien exactement maintenu dans des limites telles qu'aucune de ses branches n'anticipe sur l'espace réservé aux arbres voisins, et qu'enfin le mur soit parfaitement couvert dans l'espace qui lui est destiné.

Vers le même temps que M. Lepère, en 1841, M. Félix Malot aussi cultivateur à Montreuil, membre de la Société royale d'horticulture de Paris et de celle de Meaux, ainsi que du cercle des conférences horticoles

du département de la Seine, etc., etc., fit imprimer un *Traité succinct de l'éducation du pêcher en espalier sous la forme carrée, exécutée, pour la première fois, à Montreuil, de 1822 à 1830, et approuvée par la société royale d'horticulture de Paris, en 1832 et 1844, avec planches. Paris, Bouchard-Huzard, Libraire, rue de l'Éperon, 7, et Audot, Libraire, rue du Paon, 8.* M. Malot, annonce d'abord à ses lecteurs qu'à l'exemple des Pépin, des Mozard père et fils, des Beausse, etc., qui ont introduit des améliorations dans la culture et la taille du pêcher, il avait aussi lui-même, « il y a près de 25 ans, commencé à tenter
» d'introduire des améliorations à la forme du pêcher
» en espalier dans la commune de Montreuil ; qu'à cet
» effet il avait établi un jardin qui contient 850 mètres
» de murs, qu'il a planté en pêchers ; qu'après avoir
» essayé de bien des manières, il arriva à reconnaître
» que la forme carrée avec 14 membres, 7 de chaque
» côté, était la plus agréable, la plus productive et la
» moins difficile à obtenir, surtout quand on fait pro-
» duire à son arbre primitivement divisé en 2 mères-
» branches, d'abord les six membres inférieurs dans les
» 3 premières années, c'est-à-dire 2 chaque année ;
» et qu'ensuite on procède à en obtenir 6 supérieurs en
» 3 autres années de la même manière... qu'en 1830,
» il était parvenu à couvrir entièrement 96^m de murs
» avec 12 pêchers plantés à 8^m l'un de l'autre... que
» la beauté de ces arbres visités par une commission de
» la société royale d'horticulture, et le rapport de cette
» commission, avaient déterminé cette même société
» à lui donner une médaille en sa séance générale du

» 27 mai 1832. » Il entre ensuite dans les détails des
diverses opérations qui constituent toutes les parties de
la taille du pêcher, regardant sa méthode comme supérieure à celle suivie à Montreuil. Mais il avoue « que,
» si on peut parvenir sans beaucoup de difficultés à for-
» mer un pêcher sous la forme carrée, on ne le peut
» sans soins, parce que, quelque docile que soit cet ar-
» bre, sa végétation est si active, qu'en peu de temps
» elle produirait de grands désordres, si un œil attentif
» ne la surveillait pas ; et il déclare qu'il ne se passe
» pas une huitaine de jours de printemps ou d'été,
» sans qu'un pêcher en espalier n'ait besoin de quel-
» que opération, qui ne demande à la vérité que très-
» peu de temps chaque fois. » Enfin, suivant lui, la
forme carrée convient mieux à Montreuil avec des arbres plantés à 8 mètres de distance, les murs y ayant
généralement peu de hauteur (2 mètres 833). Il regarde comme certain qu'on ne peut donner des règles
précises sur la longueur à donner aux branches en les
taillant, parce qu'il faut suivre les indications de l'âge,
de la santé, etc., etc., des arbres. Il suit donc pour la
taille les principes ordinaires, ainsi que pour l'ébourgeonnement. Quant au pincement, il pense qu'on ne
doit pas craindre de le pratiquer 2, 3 ou 4 fois, parce
qu'ainsi on suspend la sève pendant une huitaine de
» jours; et ses auxiliaires sont un palissage rigoureux,
» et une direction inclinée à gauche ou à droite. » Son
arbre n'est bien complet qu'en 8 ans ; mais il n'en a
pas moins porté des fruits dans les premières années.
Il recommande de ne jamais tailler sans avoir examiné

le dessin de son arbre, et de ne pas oublier que le grand
art de la taille du pêcher, c'est la préparation des branches à fruit qui doivent se succéder chaque année, et
qu'on appelle BRANCHES DE REMPLACEMENT. Il regarde, avec grande raison, « l'art du REMPLACEMENT
» comme la partie la plus savante et la plus utile dans
» la conduite du pêcher en espalier; et l'obtention de
» ces sortes de branches, comme le point de mire vers
» lequel le jardinier doit toujours avoir l'œil ouvert : »
Toutefois il n'omet pas l'indication des petites branches
ou dards de 6 à 8 centimètres qui fournissent beaucoup
de fleurs et de fruits. Il remarque qu'il est bon nombre
d'espèces qui produisent naturellement plus de branches à fruit qu'on ne peut leur en conserver; ce qui
doit un peu rassurer les propriétaires qui n'ont pas des
jardiniers très-instruits sur la taille du pêcher, et qui
feraient bien de ne cultiver généralement, ainsi qu'on
le fait à Montreuil, que les espèces les plus productives,
et celles qui manquent le moins. M. Malot a eu l'attention de les désigner. Plusieurs auteurs en ont agi de
même. Quand la production est excessive, et qu'il y a
lieu d'en supprimer une partie, ce qu'on appelle
l'*éclaircie*, il est assez prudent, et c'est un avis fort utile
que donne M. Malot, il est assez prudent d'attendre
pour cette opération, que le noyau soit formé, parce que
souvent le pêcher, ainsi que tous les arbres dont les
fruits sont à noyau, s'en débarrassent d'eux-mêmes à
l'époque de cette formation, qui est pour eux une espèce
de crise.

On ne peut donc que louer M. Malot d'avoir étendu

et à la culture, et à la taille du pêcher, les conseils qu'il donne ; car son livre traite de l'une et de l'autre. Son ouvrage est d'ailleurs à la portée de tous les jardiniers ; il est fort court, d'un prix beaucoup au-dessous de ceux qui l'ont récemment précédé. Mais en l'abrégeant encore, le prix pourrait aussi en être réduit. Sa lecture est fort intéressante ; et il peut suffire, soit pour diriger convenablement un jardinier dans la culture complète du pêcher, soit pour instruire les propriétaires qui veulent, ou suivre cette culture eux-mêmes, ou surveiller seulement les opérations de leurs jardiniers.

Ne serait-il pas à désirer que, pour mieux persuader du succès de ce qu'il appelle sa méthode, et qui, comme celle de M. Lepère, n'est que la forme prescrite par Pelletier de Frépillon, rejetée autrefois par des jardiniers du premier ordre, M. Lepère et lui voulussent bien établir une comparaison exacte et suivie sur les mêmes espèces entre leurs produits et ceux de plusieurs des autres cultivateurs de Montreuil, et quant au nombre, et quant à la beauté, et quant à la qualité des fruits ? Quoi qu'il en soit de l'adoption de ce vœu, je n'en dirai pas moins avec M. Eloi-Johanneau dans son ÉPÎTRE, intitulée *Les fastes de Montreuil-les-pêches, sa culture*, etc., que « les deux ouvrages de MM. Lepère
» et Malot sont de bons manuels, qui contribueront à
» répandre la connaissance de la culture et de la taille
» du pêcher introduite à Montreuil depuis plus d'un
» siècle et demi. »

Tel est, Messieurs, l'ordre dans lequel se sont développées en France les connaissances relatives à la

physique végétale appliquée à la taille des arbres fruitiers, pour en tirer à la fois agrément et profit.

Il résulte de ce tableau bibliographique, tout incomplet qu'il est, des auteurs qui ont le plus contribué à
répandre les meilleurs principes sur l'art de tailler les
arbres fruitiers, que cet art a acquis, par l'emploi suc-
cessif des diverses méthodes en usage depuis un siècle
surtout, un degré de précision qui approche de la perfection : que, né chez nous, vers l'époque de la
publication du traité de De Crescens, ou plutôt de sa
traduction au 15e siècle, il a commencé à se développer
au 16e, par l'ouvrage d'Olivier de Serres, et ensuite par
les traités de Nicod Debonnefond, d'Arnault d'Andilly
et de Friquet au 17e; qu'alors il a pris un caractère
de fixité sous l'autorité de De la Quintinye : qu'appuyé
de l'expérience brillante de Girardot et des habitants de
Montreuil et pays circonvoisins, ainsi que d'observations
plus précises sur la physiologie végétale, il s'étendit de
plus en plus sous les auspices d'un grand nombre d'é-
crivains, et plus particulièrement de Dom le Gentil, de
De Combes, de Roger-Schabol, de Duhamel, de Le-
Berriays et de la Bretonnerie au 18e siècle, sur la fin
du quel parut le petit ouvrage de Butret, si répandu
depuis; et qu'enfin, dès le commencement, et pendant
le cours du 19e, il a profité des lumières répandues par
A. Thouin, dont les écrits ont été suivis de ceux de
Lemoine, Cadet-Devaux, Calvel, Fanon, Du Petit-
Thouars, Noisette, Mozard, et dans ces derniers temps,
de ceux de MM. Lelieur, Dalbret, Sageret, Bengy-Puivallée, Lepère et Malot, qui terminent cette nombreuse
et intéressante nomenclature.

Il résulte encore de ce tableau et surtout des traités publiés depuis environ 50 ans, mais plus particulièrement de ceux imprimés le plus récemment, que les diverses méthodes proposées dans ces derniers ouvrages et dont j'ai présenté les principes avec plus d'étendue, ont provoqué des discussions qui ont excité parmi les personnes qui s'occupent de cette partie de la culture des arbres fruitiers, un nouveau degré d'intérêt; et qu'enfin l'art de la taille de ces arbres a acquis un développement tel qu'on peut assurer maintenant qu'il ne reste plus que quelques principes à fixer définitivement, au moyen des éléments suffisants réunis aujourd'hui pour éclaircir le petit nombre de difficultés qui s'opposent encore à cette fixation.

En effet les questions à résoudre paraîtraient se réduire à trois, savoir ;

1° Doit-on préférer, pour les arbres en espalier et pour le pêcher surtout, la forme en éventail de De la Quintinye améliorée par M. Dumoutier, en usage aussi en partie à Montreuil, et à laquelle M. Lelieur donne la préférence, tout en professant une grande indifférence pour quelque forme que ce soit, à celle encore pratiquée à Montreuil, ou du moins décrite comme telle par Butret, laquelle consiste en ce que deux branches mères doivent être écartées en V ouvert sous l'angle de 45°, forme adoptée par MM. Dalbret, Lepère et Malot ?

Ces deux méthodes, ou celles qui n'en sont que des modifications, ayant pour principe l'exclusion absolue de tout canal direct de la sève, doit-on, dis-je, la préférer avec ou sans l'obligation rigoureuse de la forme carrée de De Frépillon et de MM. Lepère et Malot, à celle dite en palmette, soit à une seule tige avec les branches horizontales de Arnauld d'Andilly, et légèrement modifiée par celles appelées à la Forsyth et à la Petit-Thouars, admise aussi par M. Lelieur; soit à deux tiges ou deux bras de MM. Fanon et Bengy-Puivallée, à branches horizontales aussi?

2° Les branches secondaires inférieures doivent-elles être établies complétement avant que de s'occuper de celles supérieures, comme le veulent MM. Dalbret, de Puivallée, Lepéré et Malot, le premier admettant de plus deux sous-mères horizontales, et de Frépillon deux mères horizontales aussi, ou ces branches doivent-elles être établies alternativement, en commençant par une inférieure de chaque côté, puis une supérieure, et ainsi de suite, inclinant les supérieures, comme l'enseigne Butret; et quel doit être le nombre des unes et des autres relativement aux diverses espèces? Peut être en faudrait-il moins pour les arbres à fruit à pépin, que pour ceux à fruit à noyau? et pour toutes les espèces, devrait-on avoir égard à la hauteur des murs?

3° Doit-on admettre le pincement de De la Quintinye, en modifiant son système de taille, ainsi que le recommandent MM. Lelieur, Dalbret, De Puivallée, Lepère et Malot, ou s'en tenir à ne l'employer que bien rarement, et dans un cas exceptionnel, comme le tolère Roger-Schabo? ou le rejeter formellement suivant le précepte de De la Bretonnerie? observant qu'il n'est admis ni par Mozard, ni par Butret.

Les inconvénients reprochés à chacun des systèmes

renfermés dans ces trois questions sont bien connus,
et les partisans de ces systèmes se flattent de résoudre les difficultés proposées contre la méthode qu'ils
adoptent. Leur exposé, ni les discussions qui en résultent ne faisant point partie de mon sujet, je m'abstiens
de vous les présenter. Il me suffira de dire que, comme
il y a réellement des inconvénients attachés à chacune
de ces méthodes, peut-être devra-t-on modifier chacune d'elles, suivant les différences que doivent ap-
porter nécessairement dans le gouvernement des arbres
fruitiers leur nature particulière, leur espèce, leur âge,
leur force, leur position, etc., etc. ?

Comme pourtant il n'est pas sans importance de
parvenir à une détermination fixe sur chacun de ces
points en difficulté, je croirais utile que l'on s'oc-
cupât de la solution des questions qu'ils présentent
à résoudre. Peut-être conviendrait-il d'y joindre celle
proposée par M. Dalbret, savoir : « si la taille longue
» affaiblit ou fortifie la branche sur laquelle on la pra-
» tique ? » On ferait cesser ainsi l'espèce de rivalité qui
existe entre les partisans des divers systèmes mis en
pratique jusqu'ici, rivalité peu utile, à raison surtout de
la forme tranchante qu'on a prise pour la manifester.
Peut-être aussi a-t-on eu trop peu d'égards pour une
méthode, celle de Montreuil, qu'une expérience plus
que séculaire, et des succès constants ont sanctionnée.
C'est à l'expérience surtout qu'il faut avoir recours : mais
ce n'est pas à l'expérience de quelques personnes seulement, dont le talent et dont les soins très-minutieux et
très-multipliés couvriront toujours les plus graves in-

convénients, remédieront facilement à tous les accidents qui résulteraient de la méthode qu'ils auraient
adoptée. Il faut une expérience suivie sur un très-
grand nombre de points, et sur une échelle plus étendue
que celle de Paris et de Montreuil. Il serait donc à désirer que, l'état de la science de la taille des arbres
fruitiers une fois fixé, il fût dressé un petit traité ou
instruction renfermant le plus brièvement possible les
différentes méthodes en usage, soit pour la forme, soit
pour le gouvernement et le maintien de ces arbres ;
que, dans ce traité, tout fût bien précisé : qu'il fût
court, bien clair, et rédigé de manière à être très-fa-
cilement compris de tous les jeunes gens qui embras-
sent la profession de jardinier , et afin que les anciens
jardiniers eux-mêmes pussent se déterminer à le lire
et à en profiter au besoin : que, pour atteindre ce but,
cette instruction fût aussi à un prix très-bas, de
25 ou 50 centimes au plus ; que son étendue eût à
peine une feuille d'impression : que, revêtue de l'ap-
probation de la Société centrale de Paris et de celle
d'Horticulture, elle fût tirée à un assez grand nombre
d'exemplaires pour être répandue gratuitement dans
tous les départements, soit par les soins de l'adminis-
tration publique, soit au moyen de souscriptions des
diverses Sociétés d'Agriculture et d'Horticulture : que
ces mêmes Sociétés voulussent recueillir ensuite avec
soin les résultats de l'application des principes qui y
seraient contenus, et leur donner la publicité la plus
étendue. J'ajoute que cette instruction devra être basée
sur la physique des végétaux mieux connue aujourd'hui

qu'elle ne l'a jamais été, maintenant qu'elle est fondée sur l'étude de leur anatomie et de leur physiologie. Cette branche des sciences physiques est depuis quelques années enrichie d'observations importantes, et très-particulièrement de la découverte d'un mode de circulation de la sève soupçonné par d'anciens botanistes, mais à peu près démontré maintenant, et qui pourrait avoir sur l'appréciation de ses mouvements, et par conséquent sur la taille des arbres fruitiers, une grande influence. Ainsi, au moyen de la correspondance établie par les Sociétés d'Agriculture et d'Horticulture des départements entr'elles, et avec les Sociétés centrales de Paris, les résultats des nombreuses expériences qui seraient faites partout répandraient la lumière sur un sujet si intéressant. Les principes généraux de la taille des arbres fruitiers seraient enfin bien connus et bien définitivement fixés, sauf leur modification seulement en raison du climat, du terrain, de l'âge, de la qualité, de la force, etc. des arbres.

J'ose espérer que notre Société d'Agriculture, des Sciences, Arts et Belles-Lettres, convaincue de l'utilité qui résulterait de l'adoption du vœu que je forme, sera toujours dans la disposition d'y concourir ; et je crois mon espoir d'autant plus fondé, que c'est elle qui la première, je crois, dans les départements, ait accordé des médailles à titre d'encouragement, et comme récompense à deux jardiniers de Troyes, pour le zèle et l'intelligence dont ils ont fait preuve dans la taille des arbres fruitiers, et surtout dans celle du pêcher.

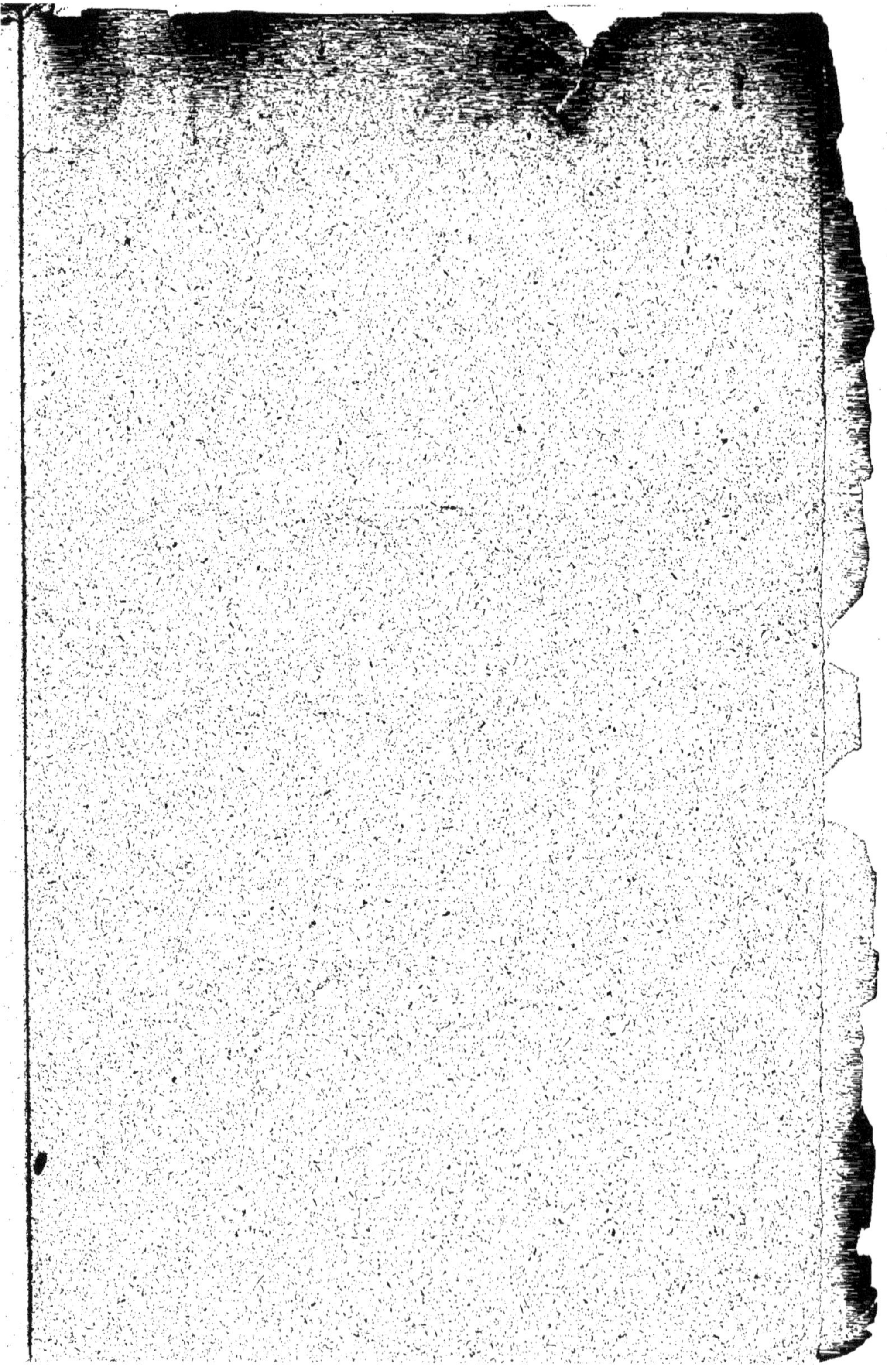